Werner Holzmüller

Makromoleküle als Träger von Lebensprozessen

Werner Holzmüller

Makromoleküle als Träger von Lebensprozessen

Mit 24 Abbildungen und 12 Tabellen

AKADEMIE-VERLAG · BERLIN
1981

Autor:

Prof. Dr. habil. Werner Holzmüller
Karl-Marx-Universität Leipzig, Sektion Physik

Erschienen im Akademie-Verlag, DDR - 1086 Berlin, Leipziger Straße 3—4
Lektor: Renate Trautmann

Lizenznummer: 202 · 100/429/81
Broschurumschlag: Rolf Kunze
Gesamtherstellung: VEB Druckhaus „Maxim Gorki“, 7400 Altenburg
Bestellnummer: 762 516 3 (6597) · LSV 1314
Printed in GDR
DDR 20,— M

Vorwort

Wir erleben seit einigen Jahren einen ungeheuren Aufschwung der Chemie, Physik und Technologie makromolekularer Werkstoffe. Ihr Einsatz in allen Teilen der Industrie und ihre tägliche Anwendung nimmt ungeahnte Ausmaße an. Die Palette der technisch verwendeten Polymere reicht von den Plasten als Konstruktionswerkstoffe über Schaumstoffe, Folien, Elaste, also gummiartige Werkstoffe, synthetische Fasern bis zu den Lacken und Leimen. Man könnte geneigt sein, hier Stoffe mit ausschließlich technischer Bedeutung zu sehen, deren Weiterentwicklung Gegenstand der technischen Wissenschaften sein müßte. Wenn man diesen Standpunkt einnimmt, vergißt man völlig, daß die Makromoleküle eine gegenüber der technischen Anwendung ungleich größere Bedeutung für das gesamte biologische Geschehen haben. Wir stehen also nicht am Ende einer Wissenschaftsentwicklung, sondern ganz am Anfang und können erwarten, daß die folgenden hundert Jahre der Forschung voller überraschender Entdeckungen auf diesem Gebiet sein werden. Dabei werden abgewandelte Biomoleküle in der Zukunft mit der Erschöpfung fossiler Ressourcen, insbesondere des Erdöls, auch in technischer Hinsicht noch mehr an Bedeutung gewinnen, z. B. die Zellulose. Meist werden die Lebensfunktionen von den Biologen, aufbauend auf dem großen Wissensschatz der Botanik und Zoologie, erforscht. Ausgehend vom Lebewesen als Ganzem kommt man zur Zelle, zum Zellkern, zu den Chromosomen und schließlich zum Makromolekül. Es ist reizvoll, einmal den umgekehrten Weg zu gehen, nämlich die bekannten Gesetze über Bildung, Struktur und molekulare Beweglichkeit der Makromoleküle auf Biomoleküle anzuwenden und dabei die ungeheure Variabilität des Aufbaues dieser Moleküle und die damit verknüpften Möglichkeiten der Informationsspeicherung und Funktionalität zu betrachten. Der Autor als Fachmann auf dem Polymergebiet glaubt dabei, einige dem Biologen ungewohnte, dem Polymerfachmann und Physiker vertrautere Gesichtspunkte zur Diskussion zu stellen und vor allem junge Nachwuchswissenschaftler für dieses zukunftsträchtige Gebiet zu gewinnen. Er wendet sich an Chemiker und Physiker und will nachweisen, daß mit der technischen Anwendung der Makromoleküle dieser Forschungsgegenstand bei weitem nicht erschöpft ist.

Dabei sind einige dem Biologen wohlbekannte Fakten in leicht verständlicher Form eingefügt, damit der Physiker und Forscher auf dem Polymergebiet die wesentlichen Ausführungen verstehen kann. Umgekehrt werden für den Biologen einige Grundbegriffe der Physik und Chemie makromolekularer Stoffe erläutert. Auch werden die für den Physiker wohlbekannten Gebiete Thermodynamik, Informationsspeicherung und Regelung betrachtet. Es wird keine erschöpfende Darstellung angestrebt, aber jeweils das Verständnis der dann folgenden Ausführungen ermöglicht.

Das Buch kann und soll kein Lehrbuch der Biologie sein. Wer also die Grundlagen der Biologie studieren will, sollte anerkannte Lehrbücher zur Hand nehmen. Es soll aber dazu beitragen, daß sich die immer mehr auseinanderstrebenden und sich einengenden Forschungsrichtungen wieder annähern. Dabei steht der Begriff „Makromolekül“ im Mittelpunkt der Betrachtung. Die Ganzheit der naturwissenschaftlichen Forschung soll gefördert und das ausschließliche Spezialistentum zurückgedrängt werden.

In diesem Büchlein wird die Besonderheit der Polymermoleküle, nämlich die ungeheuer große chemische Variabilität, durch Verknüpfung weniger Monomereinheiten hervorgehoben. Diese Verbindungen sind durch thermische und mechanische Beständigkeit charakterisiert. Darüber hinaus werden die Verknüpfungsmöglichkeiten zwischen Information und Makromolekül erschöpfend dargestellt. Ähnlich gebaute, aber chemisch unterschiedliche Makromoleküle spiegeln die Vielfalt der Lebenserscheinungen wider.

Die wachsende Bedeutung der biologischen Wissenschaften und deren Durchdringung mit den Prinzipien und Methoden der Physik rechtfertigt die Herausgabe dieser Monographie über Moleküle als Träger von Lebensprozessen. Es ist nicht zu verkennen, daß wegen des großen Umfanges des Gebietes keine Vollständigkeit in der Behandlung des Themas zu erzielen ist. Dazu wäre ein Autorenkollektiv notwendig, wobei aber die Einheitlichkeit der Betrachtungsweise verlorengehen würde. Als Nichtbiologe habe ich einen solchen Versuch gewagt und hoffe, trotzdem damit eine gute Aufnahme bei den Lesern zu finden.

Der Schwerpunkt des Buches liegt auf dem Gebiete der Physik. Hierbei werden die Grundgesetze der phänomenologischen Thermodynamik, insbesondere der zweite Hauptsatz, auf biologische Prozesse angewendet. Die Übertragung der statistischen Thermodynamik auf Informationsspeicherung und Informationsverarbeitung zeigt, daß mehr als eine formale Analogie besteht. Die Anwendung der Gleichungen der Regelungstechnik auf Fließgleichgewichte fördert das Verständnis über die Existenz und Erhaltung von thermodynamischen Ungleichgewichten.

Die Möglichkeiten zur Realisierung kybernetischer Systeme durch Makromoleküle werden ebenfalls besprochen. Schließlich werden Vergleiche zwischen Computern und lebenden Organismen angestellt. Dabei wird das Leben als Ganzheit und als hierarchischer Entwicklungsprozeß einer analytischen Betrachtungsweise gegenübergestellt. Der Inhalt dieses Bändchens deckt sich teilweise mit einigen Vorträgen des Verfassers auf Tagungen der Physikalischen Gesellschaft der DDR aus den Jahren 1970 bis 1975.

Ich danke dem Akademie-Verlag für die Unterstützung und gute Drucklegung und den Gutachtern für kritische und bei der Überarbeitung des Manuskriptes von mir beachtete Hinweise.

April 1980 W. Holzmüller

Inhaltsverzeichnis

1. Einleitung: Leben und seine molekularen Träger – eine Widerspiegelung

Wir leben in einer realen, erkennbaren Umwelt. In dieser, unserer Welt herrschen unumstößliche und nicht verletzbare Gesetze, die Naturgesetze. Sie sind ein Ausdruck des Kausalgesetzes: Gleiche Voraussetzungen für ein Ereignis verursachen gleiche Folgen. In dieser Welt entwickelte sich das Leben. Es ist den Naturgesetzen ohne Einschränkung unterworfen. Alle Lebensvorgänge sind mit erkennbaren, materiellen Veränderungen verknüpft. [121]

Noch im vorigen Jahrhundert sprach man von der „Vis vitalis“, d. h., einer außerhalb des Naturgeschehens stehenden und das Leben steuernden Kraft. Die Forschungen Darwins, Wöhlers, Fischers, Hills, Eigens [25], Watsons und Cricks [115], um nur einige zu nennen, haben diese Vorstellung zu Fall gebracht. Weiterhin werden wohldurchdachte statistische Überlegungen angestellt, die die Existenz von Leben in einer Zufallswelt begründen. [63] Zum anderen gibt es Ganzheitsbetrachtungen, die das Leben als eine mit Notwendigkeit stattfindende kosmische Entwicklung deuten. [6, 7, 8, 28] Eine große Bedeutung haben dabei die Zuordnung von Informationen zu materiellen Trägern und die Anwendbarkeit der Informationstheorie auf alle Lebensvorgänge. [118]

Die Lebensvorgänge sind komplex und vielseitig; entsprechend groß muß auch die Variabilität und Anpassungsfähigkeit der den Lebensprozessen zugeordneten materiellen Träger sein. Nur kompliziert aufgebaute, stabile und in zahllosen Varianten existierende Makromoleküle können eine Widerspiegelung der vielschichtigen Lebenserscheinungen und -formen bilden. Will man diese Zusammenhänge erkennen, muß man die Lebensprozesse einerseits studieren und die ihnen zugeordneten Umwandlungen auf molekularer Ebene aufspüren. Die in den letzten Jahren erzielten Erfolge bestätigen dieses Vorgehen. So werden die Denkvorgänge mit Netzwerkbildungen und der Ausbildung meßbarer elektrischer Potentiale im Gehirn in Zusammenhang gebracht. [2, 4, 107, 110]

Schon Friedrich Engels [29] schreibt in der Dialektik der Natur: „Wir werden sicher das Denken einmal experimentell auf molekulare und chemische Bewegungen im Gehirn ‚reduzieren‘. Ist aber damit das Wesen des Denkens erschöpft?" In dieser dialektischen Ausdrucksweise findet die im gleichen Buch von ENGELS erörterte Widerspiegelungstheorie ihren Ausdruck. Das Wesen des Denkens bleibt unverständlich. Die Widerspiegelung durch molekulare Reaktionen aber ist der menschlichen Forschung zugänglich. Dieser ENGELsche Leitsatz ist zugleich eine Grundthese des vorliegenden Buches. Wir untersuchen und besprechen die den Lebensvorgängen zugeordneten molekularen, insbesondere makromolekularen Umwandlungen, sind aber nicht so vermessen, damit auch das Wesen der geistigen Funktionen zu erklären. Die von FRIEDRICH ENGELS gestellte Frage ist auch heute noch nicht beantwortet. Wir bewegen uns in diesem Buch also ganz auf der Seite des molekularen Abbildes und nicht auf der Seite der geistigen Funktionalität.

Der Forscher unserer Zeit gleicht dem Entdecker der Hieroglyphen und dem Archäologen, der die Steine mit Keilschriften sammelte und sie dann auch entzifferte. Aber der Biologe hat es schwerer. Er muß die Schrifttafeln, also die durch Informationen gekennzeichneten Moleküle, erst einmal erkennen und ihren Bau studieren, ehe er an eine Entzifferung denken kann. Dabei ist er sich immer im klaren, daß das Schriftbild der Moleküle, besser gesagt, deren Struktur und Aufbau, ihm eine Nachricht vermittelt, daß aber der Inhalt dieser Nachricht, also die Information, einer ganz anderen Qualität zuzuordnen ist.

Das Wort des SOKRATES: „Ich weiß, daß ich nichts verstehe", gilt für die Funktionalität der Träger der Lebensprozesse uneingeschränkt. In bezug auf den materiellen Bau der zugeordneten Makromoleküle können wir mit einigem Stolz, aber auch mit der notwendigen Bescheidenheit, sagen: „Wir haben begonnen, den Schleier der Natur ein wenig zu lüften."

Der Naturwissenschaftler arbeitet bei der Erkenntnisgewinnung als Analytiker. Er untersucht alle Lebensvorgänge, beobachtet die gleichzeitig eintretenden Zellveränderungen, setzt radioaktive Isotope ein, um bestimmte molekulare Veränderungen zu erkunden. Elektronenmikroskop, Röntgenanalyse, insbesondere Kleinwinkelstreuung, Spektroskopie aller Wellenlängen, Einsatz chemischer Indikatoren und Spurenanalysen geben ihm Kenntnis über die Details. Andere Forscher, wie der hier zu nennende sowjetische Gelehrte ENGELHARDT [28], betrachten das Leben als Ganzheit. Sie erkennen die Hierarchie des Lebendigen und das Ineinandergreifen der Lebensfunktionen.

Geistige Funktion und molekulares Geschehen sind zueinander komplementär. Vielleicht waren die Klassiker des Marxismus-Leninismus, angeregt durch die Dialektik HEGELS, sich über diese Dualität klarer als manche Gelehrte unserer Zeit. Wir werden deshalb in diesem Bändchen, wenn wir über die materiellen Träger geistiger Zusammenhänge zu sprechen haben, wiederholt die hier wirksame Widerspiegelungstheorie nennen.

Die Lebewesen und Lebensvorgänge sind dem Computer analog und weisen im übertragenen Sinne auch dessen Funktionalität auf. Beim Computer haben wir die aus Bauelementen der Elektronik gebildete, exakt arbeitende Maschine. Alle Bauteile sind miteinander verbunden und wirken entsprechend dem Willen des Erbauers der Maschine fehlerfrei zusammen. Die Rechenmaschine und ihre Schalteinheiten wie Dioden, Verbindungen, Schalter, elektrische Weichen, Speicher und Schreibgeräte bilden die „Hardware". Zum Computer gehören aber die Programmierung, die Sprache der Maschine, der geistige Inhalt der Adressen und das logische Zusammenspiel. Das zu gestalten, ist die Aufgabe des Programmierers, er liefert die „Software". Ohne Programme und Algorithmen ist der Computer eine nutzlose Einrichtung. Umgekehrt nutzen die elegantesten und fehlerfreiesten, nach ökonomischen Gesichtspunkten gestalteten und in der neuesten Programmiersprache geschriebenen Programme nicht einen Deut, wenn der zugehörige Computer fehlt. Software und Hardware gehören zusammen und bilden eine Einheit. So ist es auch mit den Lebenserscheinungen: geistiges Geschehen, Fühlen und Wollen auf der einen Seite, zugeordnete materielle und erkennbare molekulare Veränderungen auf der anderen.

Dabei soll der Begriff Lebewesen in diesem Buch in seiner vollen Allgemeinheit verstanden werden. Die Grenzen gegenüber der unbelebten Natur sind sehr schwer festzulegen. Man pflegt den Übergang von Makromolekülen zu Mikroorganismen, also die Bildung von Koazervaten, d. h. präzellularen Systemen, als die untere Grenze, den Menschen in seinem heutigen Entwicklungsstand als die obere Grenze des Begriffes Lebewesen aufzufassen.

Es existiert eine Widerspiegelung des äußeren Erscheinungsbildes und der geistigen Qualitäten eines Lebewesens durch eine zugeordnete molekulare Anordnung. Darüber wird ausführlich im Kapitel 10. gesprochen.

Wir nennen das äußere Erscheinungsbild Phänotyp und die in den Zellen verwirklichte zugeordnete molekulare Konfiguration Genotyp. Dabei ist der Begriff Genotyp einer ganz bestimmten Struktur des Makromoleküles zugeordnet.

Neben der für Lebensprozesse fundamentalen Kopplung zwischen makroskopischen Erscheinungen und dem molekularen Abbild existiert eine zeitliche und mit Notwendigkeit ablaufende Entwicklung vom Einfachen zum Komplizierten bzw. vom Primitiven zum Höchstqualifizierten, sowohl für die geistigen Qualitäten und das Erscheinungsbild als auch für das molekulare Abbild. Wir sprechen von einem Darwinismus des Phänotyps, aber auch von einem Darwinismus des Moleküls. [46, 56]

Der Terminus „Darwinismus des Moleküls" wurde bisher in der Literatur nicht verwendet. Deshalb ist sein Bedeutungsinhalt wie folgt zu definieren: Ausgehend vom Darwinismus als Theorie der stammesgeschichtlichen Entwicklung der Lebewesen verbinden wir damit eine Theorie gleichartiger Entwicklung der die genotypische Information tragenden Makromoleküle. Wir ordnen den durch größere Überlebensfähigkeit, größere Komplexibilität und bessere Anpassungsfähigkeit an die Umwelt gekennzeichneten Individuen eine entsprechend größere Komplexibilität der ihren genotypischen Informationsschatz speichernden Moleküle zu. Das "Survival of the fittest" bedeutet deshalb nicht nur ein Überleben des Individuums, sondern auch ein Überleben der diesem zugeordneten spezifischen Makromoleküle. In dem Maße, wie die Träger der verbesserten genotypischen Information eine höhere Lebenschance besitzen, haben diese auch die den genotypischen Informationsschatz speichernden Makromoleküle.

Das biologische Geschehen gleicht nicht dem mechanistischen Ablauf eines Räderwerkes, sondern wird durch eine, das Einzelereignis nicht festlegende, Richtungsbezogenheit gekennzeichnet. Wer die Entstehung und den Fortbestand des Lebens ergründen will, muß das Ineinandergreifen und die Komplexibilität der Lebenserscheinungen verstehen. Er darf im Leben nicht nur bestimmte Bewegungs-, Wachstums- und Vermehrungsvorgänge sehen; er muß das Leben in seiner Ganzheit erfassen. [28, 46]

K. Fuchs-Kittowski schreibt dazu [32]: „Die Überwindung der falschen Alternative ‚Mechanismus oder Vitalismus' ist dem dialektischen Materialismus möglich, indem er die negative Seite des Vitalismus, die in der Annahme einer unerkennbaren, transzendenten Kraft im Lebenden besteht, und die negative Seite des Mechanizismus, nämlich der Leugnung der Besonderheit des Lebenden, die Reduktion des Lebenden auf mechanische Bewegung, auf rein physikalische Prinzipien, verwirft und die positiven Elemente beider Richtungen, die Hervorhebung der Besonderheit des Lebenden durch den Vitalismus und die Betonung des materialistischen Charakters und der Erkennbarkeit des Lebenden durch den Mechanismus, dialektisch miteinander verbindet und auf höherer Stufe bewahrt. Die Aufgabe einer dialektisch-materialistischen Lösung des Problems ist die, die Eigengesetzlichkeit des Lebens nachzuweisen als Eigengesetzlichkeit eines materiellen und erkennbaren Geschehens."

Der Naturwissenschaftler möchte, aufbauend auf der Vielzahl der Erfahrungen, umfassende Grundgesetze herausschälen und möglichst in eine mathematische Form bringen. So hat man in der Physik die Erhaltungssätze, die Symmetriebetrachtungen, die Hauptsätze der Thermodynamik und die Extremalbedingungen als grundlegende Prinzipien erkannt. Gibt es etwas Ähnliches auch im biologischen Geschehen?

Wir bejahen diese Frage und versuchen, einige allgemeingültige biologische Grundgesetze, ohne dabei den Anspruch auf Vollständigkeit zu erheben, an die Spitze zu stellen.

1. Die Lebewesen (Organismen) sind sich selbst reproduzierende und von Generation zu Generation nur in geringem Maße veränderliche Systeme.

2. In ihnen laufen ständig eine Reihe geregelter, chemischer Reaktionen isotherm und isobar ab mit dem Ziele, den Fortbestand des individuellen Lebens zu ermöglichen.
3. Alle Lebenserscheinungen, auch das Denken, sind mit materiellen, erkennbaren Vorgängen in den Zellen und im Nervensystem gekoppelt.
4. Alle biologischen Prozesse gehorchen den Naturgesetzen ohne Ausnahme und fügen sich in Kausalketten ein oder lösen Kausalketten bewußt oder unbewußt aus.
5. Die Lebewesen erstreben einen Zustand höherer Komplexibilität. Das erreichen sie durch Selektion und Evolution. Die Gesetze Darwins sind nicht nur auf das Erscheinungsbild, sondern auch auf das molekulare Geschehen anzuwenden.
6. Die Lebewesen stehen mit der Umwelt in Kontakt, wobei die Gesetze der Thermodynamik entscheidenden Einfluß haben.
7. Die Lebewesen bilden eine Ganzheit. Dabei regeln die Gesetze der Ökologie die wechselseitigen Beziehungen.
8. Es gibt keine unsterblichen sich durch geschlechtliche Vermehrung fortpflanzenden Organismen.
9. Entscheidend für den Fortbestand des Lebens sind Energieumwandlungen, wobei durch Absorption von Quantenstrahlung in molekularen Bereichen vergleichsweise hohe Ausgangsenergien zur Verfügung stehen.
10. Mutationen und gekoppelte Mutationen erfolgen nicht durch mechanistischen Zufall, sondern mit innerer Notwendigkeit in nicht vorgegebenen Zeitabschnitten.

Die Postulate 1. bis 10. haben den Charakter von Thesen. Ihre Realisierbarkeit soll in diesem Buch u. a. erläutert und begründet werden.

Die genannten Prinzipien der biologischen Entwicklung erfordern die Verwirklichung einer Reihe von Umweltbedingungen, auf die in der Monographie „Unsere Umwelt — ihre Entwicklung und Erhaltung" [46] ausführlich eingegangen worden ist. Dort haben wir festgestellt, daß nur der Kohlenstoff mit seiner großen Bindungsvariabilität als Grundelement der organischen Materie geeignet ist. Dabei werden die auf der Erde vorhandenen Kohlenstoff-, Wasser-, Sauerstoff- und Stickstoffvorräte immer wieder in die organischen Kreisläufe eingeschleust. Große Bedeutung haben auch Schwefel, Phosphor, Kalzium und die Alkalimetalle.

Bildet man aus den genannten Elementen niedermolekulare Verbindungen, so kann man größenordnungsmäßig eine Million verschiedene Moleküle bilden, eine Zahl, die bei weitem nicht ausreicht, die Vielzahl der Lebensprozesse, insbesondere die Speicherung zahlloser Informationen in den Organismen zu verwirklichen. Allein die Bedingung, daß alle stofflichen Umwandlungen im Temperaturbereich bis 50 °C bei Umgebungsdruck stattfinden, erfordert die

Entwicklung von mehr als 100000 organischen Katalysatoren, die wir Enzyme nennen.

Natürlich finden in allen Pflanzen und Tieren die gleichen Grundprozesse statt. Assimilation, Dissimilation, Reduplikation (Replikation), Proteinsynthese, Energietransformation und -transport, Zellbildung und -teilung unter Einsatz von Membranen, aktive und inaktive Diffusion usw. sind gleichartig gelöst. Es kommen mit wachsender Differenzierung weitere Funktionen hinzu, die hier nur stichwortartig aufgezählt werden können: Versorgung der Zellen, Abtransport und Abgabe abgebauter Stoffe, Regulation verschiedenartigster Vorgänge unter Entwicklung zahlloser Regelsysteme (Repressoren und Operatoren) mit Rückführung und Vermaschung, Vermehrung, Wachstum, Ausbildung eines Bewegungsapparates (Muskelsystems), Reizaufnahme, -übertragung, -verarbeitung, Speicherung erworbener Fähigkeiten, Speicherung und Auslösung von Triebreaktionen usw. Bei höheren Lebewesen, z. B. Säugetieren, muß man davon ausgehen, daß mehr als eine Milliarde Erbinformationen in den Keimzellen zu speichern sind. Dabei sind diese Informationen möglichst fehlerfrei weiterzugeben, was nur durch Mehrfachspeicherung unter Ausmittelung einzelner Fehlinformationen möglich ist. Die Informationen müssen stabil fixiert sein; sie dürfen z. B. nicht durch einfache Molekülumlagerungen ausgelöscht werden. Diese Stabilität der Informationsfixierung kann nur durch die Ausbildung bestimmter charakteristischer Hauptvalenzbindungen und Bindungskombinationen in Makromolekülen geschehen. Niedermolekulare Stoffe scheiden wegen zu kleiner Variationsbreite aus. Hoffnungslos ist auch die Deutbarkeit der Speicherung von vielen Millionen Informationen aus Sinneseindrücken bei Lernprozessen mit kleinen Molekülen. Die Speicherung durch Bildung molekularer Konformationen, die über einfache Dipolbindungskräfte und Dispersionskräfte stabilisiert werden, hat nicht die zur Erhaltung des Informationsschatzes notwendige Stabilität. Das gilt für thermisch angeregte Molekülstöße.

Magnetische Speicher, die sehr schnell reagieren und auch über eine große Speicherkapazität verfügen, schalten ebenfalls wegen zu geringer Stabilität aus. Ein Leben auf Grund magnetisch arbeitender Systeme wäre vielleicht leichter zu realisieren als die ebenfalls rein spekulativen Lebensformen auf Siliziumbasis. Man bezeichnet solche fiktiven Lebewesen als Makroben. Organismen mit magnetisch speichernden Systemen dürften ebenso wie Lebewesen, die nicht auf der Kohlenstoffchemie beruhen, auch im Kosmos nicht existieren.

Vorausgesetzt wird weiterhin eine bestimmte molekulare Beweglichkeit, die die Ausbildung von Überstrukturen zuläßt. Eine wichtige Aufgabe ist die Informationsübertragung. Das geschieht am einfachsten mit langen kettenförmigen Molekülen. Aus technischen Erfahrungen ist weiterhin bekannt, daß Makromoleküle sich hervorragend als Konstruktionswerkstoffe, z. B. zum

Aufbau des Stützapparates in den Organismen, eignen. Hochelastische polymere Verbindungen spielen deshalb beim Aufbau der Muskeln und Sehnen eine Rolle. Ohne Zerstörung der Grundstruktur können Makromoleküle, wenn im Laufe der Entwicklung weitere Informationen hinzukommen, vergrößert werden.

Man kann also auf Grund der Notwendigkeit der Erfüllung der Prinzipien 1. bis 10. und durch direkte experimentelle Beobachtungen auf die unersetzliche Rolle der Makromoleküle im biologischen Geschehen schließen. Es ist deshalb zweckmäßig, nach diesen einleitenden Betrachtungen auf Struktur, Bindungsvariabilität und Bildung von Makromolekülen einzugehen.

2. Was sind Makromoleküle?

Wir verstehen unter Makromolekülen Zusammenschlüsse von vielen gleichartigen und ungleichartigen Atomen, die durch starke Austauschbindungskräfte (kovalente Bindungskräfte) miteinander verknüpft sind. Sie bestehen im allgemeinen aus mehr als 100 monomeren Grundmolekülen, einem Molekulargewicht von über 10000 entsprechend.

2.1. Bindungskräfte in Molekülen

Die Verbindung der Atome zu größeren Einheiten erfolgt zum Teil durch ionale, also COULOMBsche Kräfte, vorwiegend aber durch kovalente, d. h. durch Elektronenaustausch hervorgerufene, Wechselwirkungen. Immer sind beide Kräfte gleichzeitig wirksam, besonders augenfällig z. B. bei den gewinkelten Wassermolekülen. Im folgenden betrachten wir vornehmlich die Valenzbindungskräfte. Wir unterscheiden davon Molekularbindungskräfte, die für die Bildung kondensierter Phasen, also die Verbindung einzelner Moleküle, verantwortlich sind. Wir nennen die am Einzelmolekül zwischen den Atomen und Elektronen wirkenden Kräfte intramolekular, dagegen intermolekular, wenn diese Kräfte zwischen verschiedenen Molekülen oder getrennten Schlaufen ein und desselben Moleküls angreifen. Immer sind die mit wachsender Annäherung der Atome und Moleküle außerordentlich rasch ansteigenden Abstoßungskräfte zu berücksichtigen. Den minimalen Abstand r_0, bis zu welchem sich die Atome auf Grund der Abstoßungskräfte nähern können, nennt man den VAN DER WAALSschen Radius. Folgende Tabelle vermittelt eine Übersicht über die zu besprechenden Kräfte:

Valenzbindungen	Molekularbindungen
1. Ionenbindung vorwiegend COULOMBsche Wechselwirkung, überlagert durch chemische Austauschkräfte.	1. Dispersionskräfte quantenmechanisch bei Berücksichtigung höherer Ordnungen zu berechnen.

2. Atombindung
vorwiegend Austauschkräfte, überlagert durch schwache COULOMBsche Wechselwirkung.

2. Dipolbindung
3. Induzierte Dipolbildung
4. Wasserstoffbrücken
5. EDA-Bindung (Elektronen-Donator-Akzeptor-Wechselwirkung)

2.1.1. *Valenzbindung*

Für die Chemie der Makromoleküle sind an erster Stelle Valenzbindungen zwischen Kohlenstoffatomen untereinander und den Atomen anderer Elemente zu nennen. Wir können die Valenzbindungen nur vom quantenmechanischen Standpunkt aus verstehen, und zwar durch Berechnung der Energieeigenwerte der Lösungen der SCHRÖDINGER-Gleichung. Sind mehrere mögliche Zustände

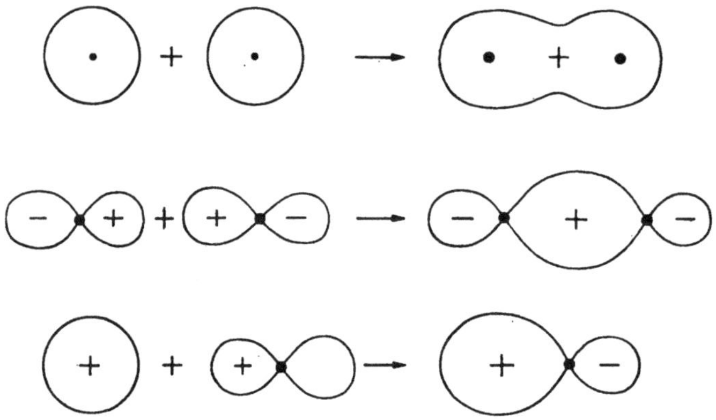

Abb. 1. Molekülorbitale, σ-Bindungen in Molekülen; a) zwischen s-Zuständen, b) zwischen p_z-Zuständen (z ist die Richtung zwischen den bindenden Atomen), c) sp-Hybridisierung

durch gleiche Energie gekennzeichnet, so bezeichnet man diese als entartet. Wir beschränken uns im wesentlichen auf Fälle, wo im Energieschema Unterschiede auftreten und im Gleichgewicht (also im gebundenen Zustand) die durch minimale Energie gekennzeichneten Konfigurationen eingenommen werden. [83, 91, 100]

Die räumliche Wahrscheinlichkeitsverteilung der s-, p- und d-Elektronen wird durch ψ-Funktionen als Lösungen der zeitunabhängigen SCHRÖDINGER-Gleichung beschrieben. Die Valenzbindungen der organischen Chemie beruhen auf σ- und bzw. oder σ-π-Bindungen. Die Ladungsverteilung der σ-Bindung ist rotationssymmetrisch zur Verbindungslinie der bindenden Atome (freie Drehbarkeit um diese Bindung) (Abb. 1a), b), c)). Die σ-Bindung kommt durch Überlappung zweier s- oder p-Orbitale bzw. eines s- und eines p-Orbitals zustande.

Wählen wir die Verbindungslinie zwischen zwei Atomen als z-Achse, und handelt es sich um p_x- oder p_y-Orbitale, dann ist die Überlappung geringer gegenüber σ-Orbitalen in der z-Richtung. Der letztere Fall wird π-Bindung genannt (Abb. 2). Bei der π-Bindung ist die Ladungsverteilung unsymmetrisch, bezogen auf eine Ebene durch die bindenden Atome (z. B. die xz-Ebene). Wie man an Abbildung 2 erkennt, vermindert eine Drehung etwa des Orbitals B um die z-Achse bei festgehaltenem A die Überlappung, wobei Energie aufzuwenden ist. Die π-Bindung führt zu einer Versteifung des Moleküls.

In vielen Fällen liegt das Elektron des einen bindenden Atoms im s-Zustand, das des anderen im p-Zustand vor (gilt entsprechend auch für d-Zustände). Man spricht dann von einer Hybridisierung, die durch Linearkombination der Lösungen der SCHRÖDINGER-Gleichung gebildet wird. [83, 91] Es gibt z. B. rotationssymmetrische σ-Bindungen, die durch Linearkombinationen von s- und p-Zuständen entstehen (sp-Hybride) (Abb. 1c)).

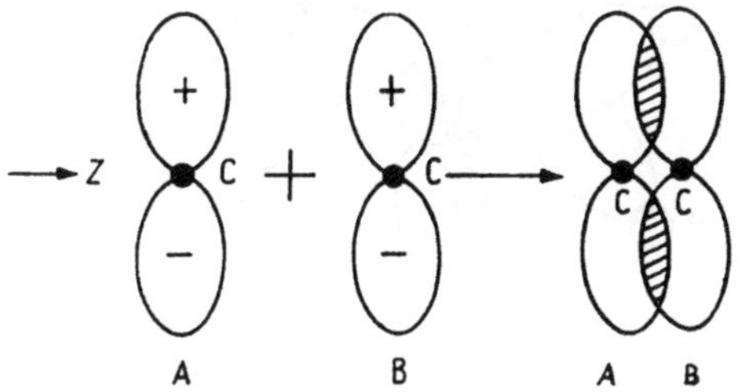

Abb. 2. Molekülorbitale, π-Bindungen (C Kohlenstoffatome)

Sind zwei p-Zustände und ein s-Zustand an einer einzigen Bindung beteiligt (anteilmäßige Linearkombination), so sprechen wir von einer sp^2-Hybridisierung, dagegen von einem sp^3-Hybrid, wenn drei p-Zustände und ein s-Zustand in die Linearkombination der zu lösenden SCHRÖDINGER-Gleichung eingehen. Beim Kohlenstoff erwarten wir im Grundzustand zwei 2s- und zwei 2p-Elektronen. Zwei s-Zustände würden sich wechselseitig absättigen und zweiwertigen Kohlenstoff bedingen. Eine größere Bindungsenergie liefert aber ein durch vier bindungsfähige, unpaarige Elektronen gekennzeichneter vierwertiger Kohlenstoff.

Wir gehen von vier gleichwertigen sp^3-Hybridzuständen (Abb. 3b)) aus und optimieren die Linearkombinationen der vier zugeordneten ψ-Funktionen. Diesen Eigenfunktionen entsprechen vier keulenförmige Orbitale in Richtung der Tetraederwinkel vom zentralen Kohlenstoffatom aus gesehen. Die vier Orbitale überlappen sich mit vier anderen Orbitalen bindender s- oder p-Elektronen. Man errechnet für die entstehenden vier σ-Bindungen maximale Überlappungen und findet die gemessenen Bindungsenergien, z. B. für das Methan und seine Derivate (Abb. 3a)).

Die entstehenden σ-Bindungen erlauben wegen der Rotationssymmetrie eine Drehung um die Valenzrichtung. Dabei kann eine solche Bindung auch durch zwei C-Atome gebildet werden, z. B. beim Ethan (Abb. 3b)). Schwieriger ist die Beschreibung der Kohlenstoffdoppelbindung. Hier liefern die drei sp^2-Hybridisierungen die großen beobachteten Bindungsenergien. Man berechnet dazu jeweils die Energieeigenwerte der als Kugelfunktionen erkannten Lösungen der SCHRÖDINGER-Gleichung und findet durch Linearkombination die experimentell bestimmten Bindungsenergien. Die sich als richtig erweisende sp^2-Hybridisierung bildet Orbitale, die in einer Ebene liegen und

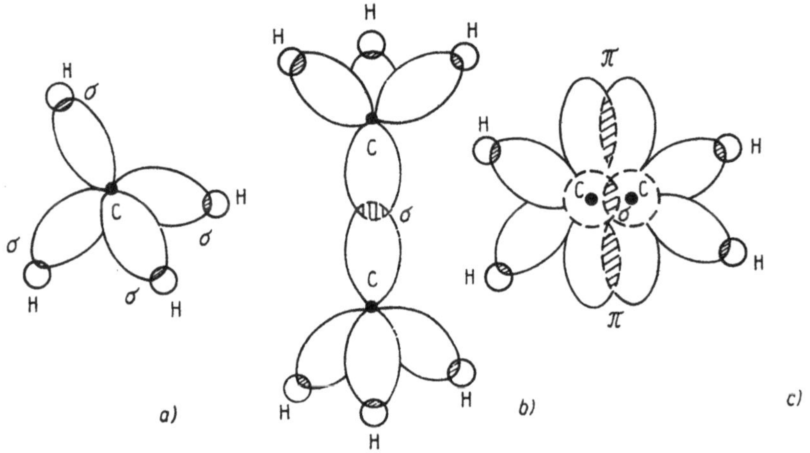

Abb. 3. Molekülorbitale, Hybridisierungen; a) Methanmolekül, b) Ethanmolekül, c) sp^2-Hybridisierung (C=C-Bindung, diese liegt in Zeichenebene, H senkrecht dazu)

durch eine σ-Bindung miteinander verknüpft sind (Abb. 3c)). An den C-Atomen werden zwei andere Atome, z. B., H-Atome, durch σ-Bindungen angeschlossen.

Es verbleibt noch jeweils eine vierte Bindung der beiden Kohlenstoffatome, die senkrecht zur C—C-Richtung in der Zeichenebene wirksam ist. Diese bildet eine π-Bindung, so daß die C=C-Bindung sich als $\sigma + \pi$-Bindung erweist. Die π-Bindung liefert für die p-Elektronen in der Zeichenebene die größte Aufenthaltswahrscheinlichkeit. Das führt zu einer behinderten Drehbarkeit um die C=C-Valenzrichtung (Abb. 3c)).

Gegenüber der bei der einfachen σ-Bindung beobachteten und errechneten Bindungsenergie von etwa 320 kJ/mol kommen bei der π-Bindung noch etwa 240 kJ/mol durch die zusätzliche Bindung hinzu, so daß im ganzen mit etwa 560 kJ/mol zu rechnen ist. Eine ähnliche Überlegung zeigt, daß man die

Kohlenstoffdreifachbindung durch eine σ-Verknüpfung von zwei sp-Hybriden bildet, zu der zwei senkrecht dazu angeordnete p-p-Verknüpfungen, d. h. zwei π-Bindungen, hinzukommen. Dabei kommen, sehr angenähert gerechnet, noch einmal 240 kJ/mol dazu, was im ganzen etwa 800 kJ/mol ergibt.

Auch der Benzolring läßt sich durch Linearkombination aus sp^2-Hybriden erklären, wobei zwei davon mit den benachbarten Kohlenstoffatomen σ-Bindungen eingehen und die dritte eine σ-Bindung mit jeweils einem H-Atom bildet. Schließlich müssen noch drei räumlich nicht festgelegte π-Bindungen zur Fixierung des vierten Elektrons jedes Kohlenstoffatoms herangezogen werden.

2.1.2. Molekülbindungskräfte [103, 104]

Den besprochenen, nur bis zu Entfernungen von wenigen ANGSTRÖM-Einheiten vom bindenden Atom wirksamen, starken Valenzbindungskräften (Elektronenaustauschkräften) sind die Molekülbindungskräfte überlagert. Diese sind wesentlich schwächer (bis zu 40 kJ/mol), aber z. T. auf größere Entfernung hin wirksam und für die Bildung kondensierter Phasen verantwortlich [91].

1. *Dispersionskräfte.* Diese wirken zwischen allen Atomen und sind quantenmechanisch berechenbar. Sie sind klein und nur über kurze Abstände $\approx 10^{-8}$ cm von Einfluß. Auf ein Mol ($6{,}03 \cdot 10^{23}$ Bindungen) bezogen, beträgt ihre Bindungsenergie 4 bis 12 kJ/mol. Im Makromolekül werden jeweils alle von den C-, H-, O-, N- und Cl-Atomen ausgehenden Dispersionskräfte gleichzeitig beansprucht, da sich ihre Bindungsenergien für das betrachtete Molekül addieren. Deshalb ist Polyethylen mit 100 bis 1000 Bindungen zwischen zwei Molekülen ein fester Körper, während im gasförmigen Ethylen, das denselben Kräften unterliegt, nur die von zwei Atomen ausgehenden Dispersionskräfte zwischen einzelnen Molekülen wirken.

2. *Dipolbindungskräfte.* Besitzt ein Molekül positiv und negativ geladene Atome, so entstehen elektrische Dipolfelder. Kohlenwasserstoffe sind unpolar, während sauerstoffhaltige Makromoleküle im allgemeinen Dipole besitzen. Dasselbe gilt für chlorhaltige oder stickstoffhaltige Polymere. Benachbarte Dipole versuchen, sich antiparallel einzustellen und werden in inhomogenen Feldern angezogen. Die Dipole verursachen in benachbarten neutralen Molekülen Ladungsverschiebungen, erzeugen also selber wieder Dipole. Auch hier kommt eine Anziehung zustande, die sich auf Entfernungen von etwa 10^{-7} cm erstreckt und die Dispersionskräfte oft um das zwei- bis dreifache übertrifft.

3. *Wasserstoffbrückenbindungen.* Stehen sich in benachbarten Makromolekülen Stickstoff- und Wasserstoff- bzw. Wasserstoff- und Sauerstoffatome gegenüber, so treten neben bindenden Elektronenpaaren (*a*) einsame

Elektronenpaare (*b*) auf, die auf das mittelständige H-Atom eine ziemlich starke Wechselwirkung ausüben:

$$\underset{(a)}{O:H} \leftrightarrow \underset{(b)}{:N}\,.$$

Zusammen mit den bestehenden Dispersionskräften entsteht unter Berücksichtigung des noch zu nennenden Abstoßungspotentials durch die Wasserstoffbrücke je Mol eine Bindungsenergie von 20 bis 40 kJ/mol. Diese zwischen den Molekülen bestehenden Kräfte spielen in Biomolekülen, aber auch in den technisch wichtigen makromolekularen Werkstoffen (Polyurethan, Polyamide) eine entscheidende und strukturbestimmende Rolle.

4. EDA-*Komplexe.* Elektronen-Donator-Akzeptor-Wechselwirkung tritt auf, wenn Molekülteile, die eine Neigung zur Elektronenaufnahme haben, zu anderen, die Elektronen abgeben, benachbart sind. Elektronenaufnehmende Molekülteile sind z. B. Halogene, Nitroverbindungen, Chinone. Donatoren dagegen zeichnen sich durch niedrige Ionisierungsarbeit aus. Wir nennen aromatische und ungesättigte Kohlenwasserstoffe, Anilin, Pyridin u. a. Der leicht anzuregende Elektronenaustausch wird EDA-Komplex genannt.

5. *Abstoßende Kräfte.* Diese in allen Fällen wirkenden Kräfte verhindern die unmittelbare Berührung der Atome und legen die beobachteten atomaren Abstände fest (VAN-DER-WAALS-Radius). Bei Annäherung der Moleküle, etwa durch Anwendung hoher Drücke, nehmen die abstoßenden Kräfte außerordentlich stark zu.

Alle gleichzeitig wirkenden Kräfte bilden ein Potential U, das für die Festigkeit und Struktur der makromolekularen Körper entscheidend ist. Durch die Wärmebewegung schwingen und rotieren die Moleküle bzw. Teile derselben, wobei die beobachtete Wechselwirkung zwischen den thermischen Schwingungen und dem Potential Festigkeit und Erweichung bestimmen.

2.2. Die Struktur der Makromoleküle [48, 58]

2.2.1. Die Struktur der Einzelmoleküle

Wir betrachten die durch C—C- bzw. C=C-Bindungen gekennzeichneten kettenförmigen Moleküle in der Lösung oder in flüssiger Phase. Neben den Makromolekülen mit Molekulargewichten über 10000 gibt es Oligomere im Molekulargewichtsbereich zwischen 1000 und 10000. In Abbildung 4 sind einige charakteristische Strukturen einzelner Makromoleküle gezeichnet.

Wegen der freien Drehbarkeit um die C—C-Bindung liegt jeweils das folgende C-Atom auf einem Kegelmantel. Dadurch kommt bereits das dritte C-Atom gegenüber dem Ausgangspunkt in eine schwer überschaubare Lage (Abb. 4a)). n Monomereinheiten bilden dann das in Abbildung 4b) gezeichnete Knäuel. Dabei versteht man unter Monomeren die das Makromolekül bildenden, in vielen Fällen gleichartigen Grundmoleküle. Der mittlere Abstand zwischen Anfang und Ende des Moleküles (sein „Durchmesser") beträgt $\sqrt{n}\, a$, wenn die Länge eines Grundmoleküls a ist. Häufig sind einzelne Schlaufen des Makromoleküls verzweigt. Es entstehen Seitenketten, die zuweilen zur Zyklisierung oder Vernetzung führen (Abb. 4c)). Die Länge der technischen Makromoleküle ist im allgemeinen uneinheitlich. Besteht ein Makromolekül aus P_i Grundmolekülen (Monomeren), so besitzt es den Polymerisationsgrad P_i. Hat das

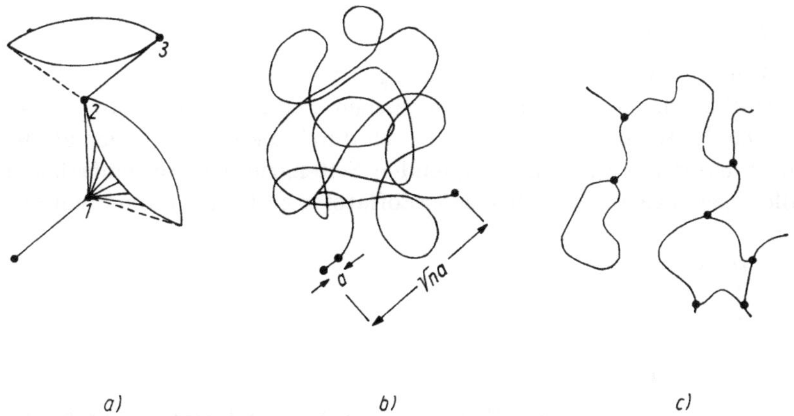

Abb. 4. Charakteristische Struktur von Einzelmolekülen in der Lösung; a) freie Drehbarkeit in der σ-Bindung, b) Knäuelbildung, c) Verzweigungen

Monomer die Molekularmasse M_g, so gilt für die Molekularmasse M_p des Polymers

$$M_p = P_i M_g .$$

Der Polymerisationsgrad des technischen Polymers streut über einen weiten Bereich. Man erhält einen mittleren Polymerisationsgrad $\bar{P}_z$

$$\bar{P}_z = \sum_i P_i n_i \Big/ \sum_i n_i$$

und ein Zahlenmittel des Molekulargewichtes

$$M_z = \bar{P}_z M_g .$$

n_i ist die Zahl der Makromoleküle vom Polymerisationsgrad P_i und $N = \sum_i n_i$ die Zahl der Makromoleküle überhaupt. In vielen Fällen ist nicht die Zahl n_i der

Makromoleküle, sondern die anteilige Masse $M_i = n_i P_i M_g$ für das physikalische Verhalten entscheidend, z. B. bei Versuchen in der Ultrazentrifuge.

Man erhält den Massenmittelwert für den Polymerisationsgrad $\bar{P}_w$, indem man jeden Polymerisationsgrad P_i mit seinem Massenanteil $n_i P_i M_g \big/ \sum_i n_i P_i M_g$ multipliziert und über alle P_i summiert:

$$\bar{P}_w = \frac{\sum_i n_i P_i^2 M_g}{\sum_i n_i P_i M_g}.$$

Da das Gewichtsmittel $\bar{P}_w$ nicht mit dem Zahlenmittel $\bar{P}_z$ übereinstimmt, errechnet man eine Uneinheitlichkeit U:

$$U = [\bar{P}_w / \bar{P}_z] - 1.$$

Diese wird 0 für eine einheitliche Molekküllänge, denn dann ist $\bar{P}_z = \bar{P}_w$.

Die Variabilität der verschiedenen möglichen Makromoleküle steigt aber nicht nur durch die Kettenlänge, sondern auch durch die verschiedenen an die Kohlenstoffatome der Kette anzuknüpfenden Seitengruppen. Im einfachsten Fall sind alle freien Valenzen durch Wasserstoffatome gesättigt. Es entsteht das Polyethylen:

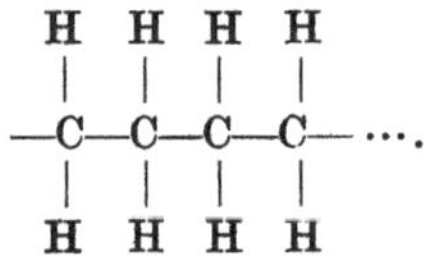

Man kann auch in jeder zweiten CH_2-Gruppe ein Wasserstoffatom durch eine CH_3-Gruppe ersetzen:

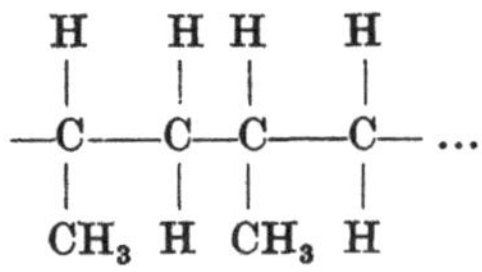
(Polypropylen).

Beim Einbau von Benzolringen entsteht das Polystyrol:

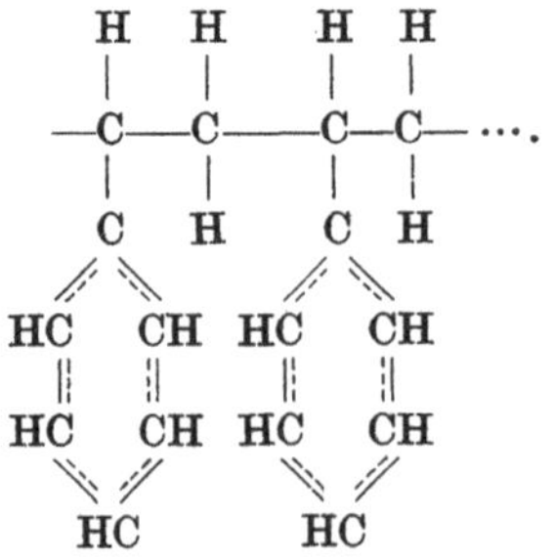

Beim Polybutadien treten in der Kette jeweils an dritter Stelle zusätzlich π-σ-Bindungen, also Doppelbindungen, auf:

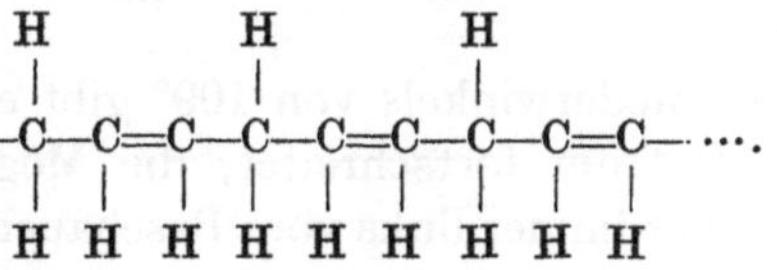

Bisher nannten wir nur Polymere, die aus Kohlenstoff und Wasserstoff bestehen. Die Mannigfaltigkeit wird größer, wenn wir z. B. in jedem der monomeren Grundmoleküle C=C ein Wasserstoffatom durch Chlor ersetzen. Wir kommen zum Polyvinylchlorid:

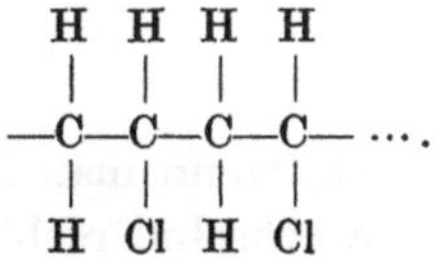

Schließlich sollen noch einige sauerstoff- und stickstoffhaltige Polymere als Beispiele genannt werden:

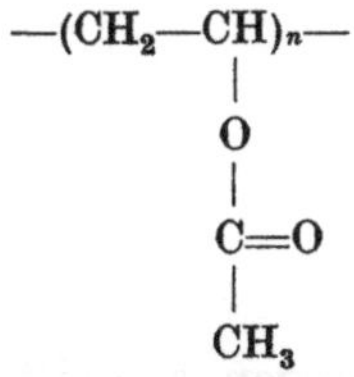

Polyvinylazetat,

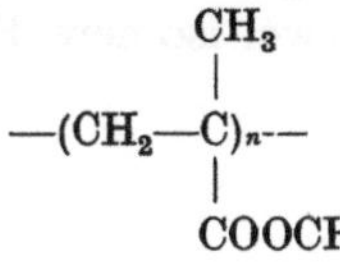

Polymethakrylsäuremethylester,

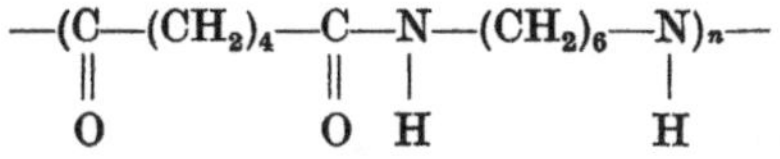

Polyamid 6,6,

$$—(CO—NH—(CH_2)_m—NH—CO—O—(CH_2)_n—O)_p—$$ Polyurethan linear.

Die Verknüpfung asymmetrischer Grundmoleküle zu einem Makromolekül kann in verschiedener Form erfolgen. Wir betrachten als Beispiel das Vinylchloridmolekül. Dieses kann sich an die benachbarten Gruppen so anlagern, daß jeweils die CH_2- und CHCl-Gruppen alternierend auftreten (Kopf-Schwanz-Produkt) oder daß immer zwei CH_2- und zwei CHCl-Gruppen hintereinander auftreten (Kopf-Kopf-Produkt).

Unter Berücksichtigung des Tetraederwinkels von 109° gibt es, wenn man längs des Moleküls von C- zu C-Atom fortschreitet, die Möglichkeit, das nächste Chloratom immer rechts oder immer links vom Beschauer anzutreffen. Wir sprechen hier von einer isotaktischen Konfiguration:

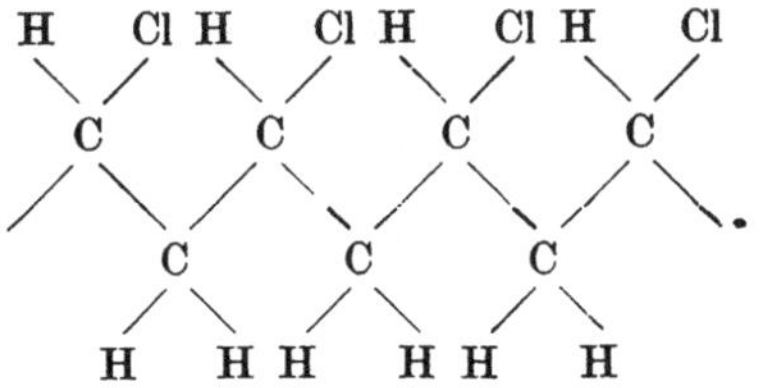

Man nennt jedoch die Verbindung syndiotaktisch, wenn man in Richtung der Molekülachse fortschreitend das Chloratom abwechselnd rechts und links beobachtet:

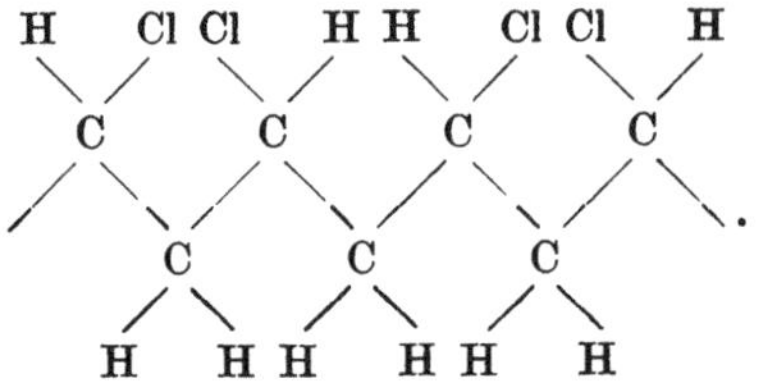

Enthält das Makromolekül Kohlenstoff-π-σ-Bindungen, so existieren wegen der Nichtdrehbarkeit um diese C=C-Verknüpfung zwei isomere Formen, die Cis- und die Transform:

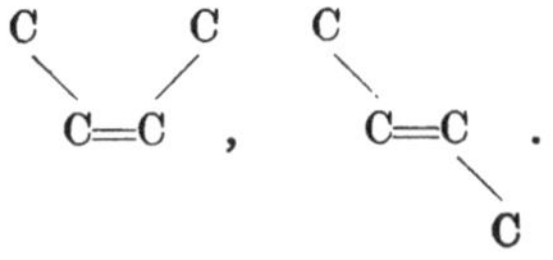

Cisform Transform

Auch diese isomeren Formen können zwei Informationen speichern.

Im allgemeinen kann man das Molekül um die C—C-Bindung drehen, ohne daß die Rechts- oder Linksfolge der Seitengruppen dabei geändert wird.

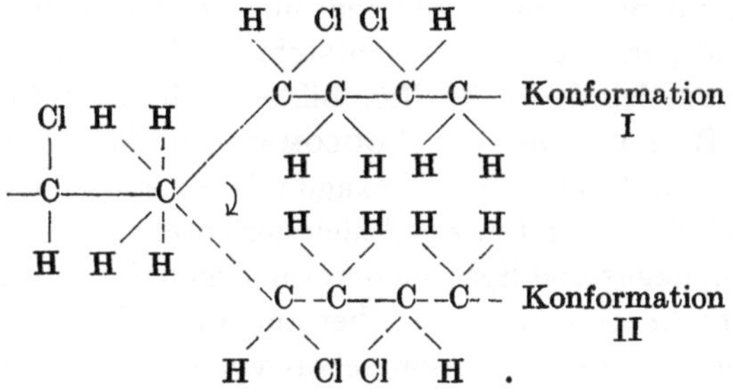

So entsteht aus der ausgezogen gezeichneten Konformation I durch Drehung um die Pfeilrichtung die gestrichelt gezeichnete Konformation II.

Zwischen Konfigurationen und Konformationen besteht ein wesentlicher Unterschied. Ohne Molekülzerreißungen kann man Konfigurationen nicht ineinander überführen. Deshalb sind die Konfigurationen chemisch unterschiedlich und z. B. zur Speicherung von nicht auslöschbaren Informationen geeignet. Da man, um immer wieder neue Konfigurationen zu bilden, die Anordnungen der H- und Cl-Atome in den oben genannten Molekülen nahezu beliebig variieren kann, sieht man, daß aus den drei Elementen C, Cl und H eine unübersehbare Zahl von chemisch verschiedenen Molekülen zu bilden ist.

Weiterhin gibt es Makromoleküle aus verschiedenen Grundmolekülen z. B. Ethylen und Vinylazetat. Man spricht von Copolymeren oder Mischpolymerisaten.

Die ein Copolymerisat bildenden verschiedenartigen Monomere *a* und *b* sind entweder stochastisch eingebaut (*aaabbabbabaabbb*), oder sie bilden alternierende Folgen (*ababab*) bzw. weisen Blockstruktur auf (*aaaaaabbbbbbb*). Man kann auch andere Monomere *c* auf Makromoleküle aufpfropfen. So kommt man zu Pfropfpolymeren bzw. Pfropfcopolymeren (Graft-Polymeren):

a a a a b b b b b a b a a b
c
c
c
c .

Wegen der Vielzahl der Bindungsmöglichkeiten gehört zur gleichen Bruttoformel eine große Anzahl isomerer Moleküle. Dabei lassen schon einfache π-σ- $\leftrightarrow$ σ-Vertauschungen, Verzweigungen und Permutationen unterschiedlicher Monomere neue Isomere entstehen.

2.2.2. Die Struktur makromolekularer Festkörper

Man versteht unter der Struktur makromolekularer Systeme die räumliche Anordnung der monomeren Grundeinheiten im Molekül bzw. der Makromoleküle im Gesamtkörper. Die Struktur entsteht als Folge der einwirkenden Kraftfelder. In niedermolekularen Stoffen bilden sich bei rotationssymmetrischen Kräften z. B. im Falle der COULOMBschen Anziehung dichteste Kugelpackungen, also kubische oder hexagonale Kristalle, aus. Kommen Valenzbindungen ins Spiel, so treten zusätzlich gerichtete Kräfte auf, die eine Kristallisation in komplizierteren Systemen verursachen. So sind Polymere im einfachsten Fall orthorhombisch, meist aber monoklin kristallisiert. Dabei wird die Struktur bei der Polymerisation schon vorgebildet. Wegen des exothermen Charakters der Polymerisation entsteht das Makromolekül in flüssiger Phase in einem Zustand größerer thermischer Energie. Es bildet sich deshalb zunächst ein aufgelockertes statistisches Knäuel. Die einzelnen Schlaufen ordnen sich nach Abgabe der Polymerisationswärme an die Umgebung des wachsenden Moleküls parallel zueinander an. Da die bestehenden Schlaufen und Windungen eine vollständige Parallelisierung der einzelnen Stränge ohne Valenzwinkelverzerrungen verhindern, ist der teilweise kristalline Körper die Regel. In vielen Fällen sind die Bereiche paralleler Lagerung der Segmente so klein, daß sie auch mit Röntgenstrukturanalysen nicht als Kristalle nachgewiesen werden können.

Im anorganischen Geschehen legt die Wechselwirkung zwischen innerer Energie und Entropie allein die Struktur fest. So wird sich bei rotationssymmetrischen Kräften ein Teilchen im Schnittpunkt der Flächen- oder Raumdiagonalen einordnen. Regelmäßig und symmetrisch gebaute Moleküle werden auch beim Vorliegen der nur schwachen Dispersionsbindung zur Kristallisation neigen. Das gilt z. B. für Polyethylen. Unregelmäßig gebaute Moleküle bilden trotz starker Dipolkräfte Knäuel und ungeordnete Haufen. Sie sind nahezu amorph (z. B. Polyvinylchlorid). Sind die intermolekularen Wechselwirkungen noch stärker, so werden sich auch unsymmetrisch gebaute Moleküle zum Teil parallel anordnen, wobei kristalline Teilbereiche entstehen. Wir sprechen von partiell kristallinen Strukturen (Abb. 5a)). In einigen Fällen wird diese Struktur durch lamellenartig angeordnete Kristallite ersetzt, besonders beim Polyethylen (Abb. 5b)). Hierbei entstehen durch die mäanderförmig gelagerten Makromoleküle Schichten von etwa 150 Å Dicke. [58, 103] Diese Schichten legen sich tafelförmig übereinander (Abb. 6a)).

Die primär gebildeten Kristallite erzeugen häufig Sekundärstrukturen, z. B. kugelsymmetrisch angeordnete Sphärolithe (Abb. 6b)). Man kann diese Gebilde mit polarisiertem Licht sehr gut sichtbar machen und beim Erwärmen deren Schmelzvorgang beobachten. Die Entstehung der Sekundärstrukturen

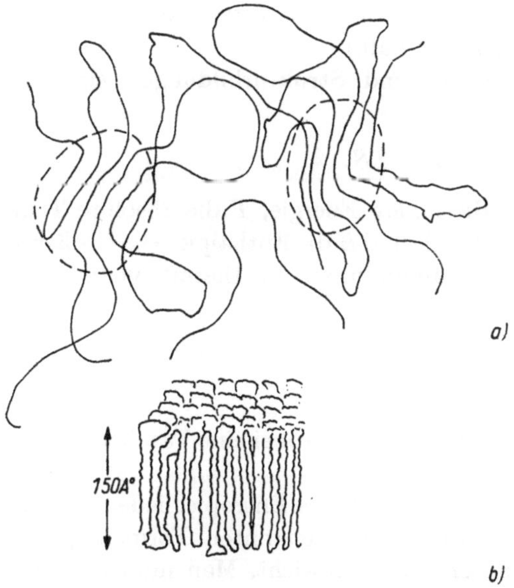

Abb. 5. Zusammenlagerung von Einzelmolekülen bei der Bildung amorpher Festkörper;
a) partiell kristalline Fransenstrukturen,
b) Lamellenstrukturen

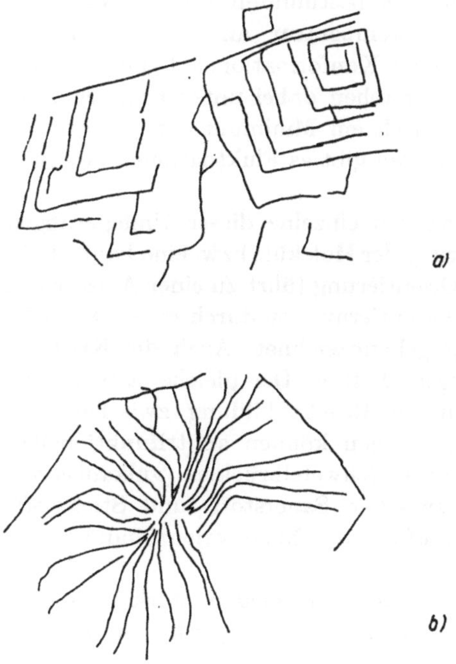

Abb. 6. a) Spiralige Anordnung von Lamellen bei kristallisiertem Polyethylen,
b) Lage der Moleküle in einem Sphärolithen

wird, soweit diese vorhanden sind, durch Wasserstoffbrücken gefördert. (Das ist jedoch beim Polyethylen nicht der Fall.)

Maßgebend für Phasenumwandlungen und Strukturbildungen sind die thermodynamischen Potentiale

$$F = U - TS \quad \text{bzw.} \quad G = H - TS .$$

Hierbei sind F die freie Energie, U die innere Energie, T die absolute Temperatur, S die Entropie, G die freie Enthalpie und H die Enthalpie. Die Größen F und G streben im Gleichgewicht einem Minimum zu. Im thermodynamischen Gleichgewicht gilt mit $\mathrm{d}F = 0$

$$T = \frac{\mathrm{d}U}{\mathrm{d}S} .$$

Bei tiefen Temperaturen bestimmt U die Struktur, wobei eine Parallelordnung der Moleküle bevorzugt wird.

Mit steigender Temperatur wächst der Einfluß des Entropiegliedes, was die Ausbildung amorpher Bereiche begünstigt. Die genannten Formeln gelten natürlich nur für das thermodynamische Gleichgewicht. Man muß bei polymeren Festkörpern häufig lange tempern, um dieses Gleichgewicht zu erreichen. Wir finden im Erweichungsgebiet ein Aufschmelzen der kristallinen Anteile. Beim Erwärmen entstehen von einer bestimmten Temperatur T_g an molekulare Hohlräume. Von dieser Glastemperatur an sind molekulare Umlagerungen möglich, wobei verschiedene Konformationen (Abb. 7) angenommen werden können (I $\leftrightarrow$ II). Wir verstehen dabei unter Konformation eine bestimmte Molekülform, die sich durch ein Minimum der potentiellen Energie auszeichnet. Bei hohen Temperaturen gibt es Fluktuationen zwischen verschiedenen molekularen Anordnungen.

Wirkt eine äußere Zugkraft, dann werden einzelne dieser Umlagerungen bevorzugt. Wir beobachten eine Orientierung der Moleküle bzw. eine kautschukelastische Deformation (Abb. 8). Diese Orientierung führt zu einer Anisotropie der physikalischen Eigenschaften. Die Orientierung ist durch eine erhebliche Festigkeitszunahme in Molekülrichtung gekennzeichnet. Auch die Kristallisation verbessert die mechanischen Eigenschaften. Der gleiche Effekt wird durch Vernetzung, d. h., meist chemische Brückenbildung zwischen den Makromolekülen, erzielt. Solche Verzweigungen können an trifunktionellen Kohlenstoffatomen oder durch eingebaute Schwefelbrücken (vulkanisierter Kautschuk), durch Wasserstoffatome zwischen Sauerstoff- und Stickstoffatomen — Vernetzungen, auch durch Häufung von Nebenvalenzbindungen in kristallinen Gebieten entstehen.

Wegen der gleichzeitigen Wirksamkeit der verschieden starken Nebenvalenzbindungskräfte haben die makromolekularen Festkörper keinen scharfen

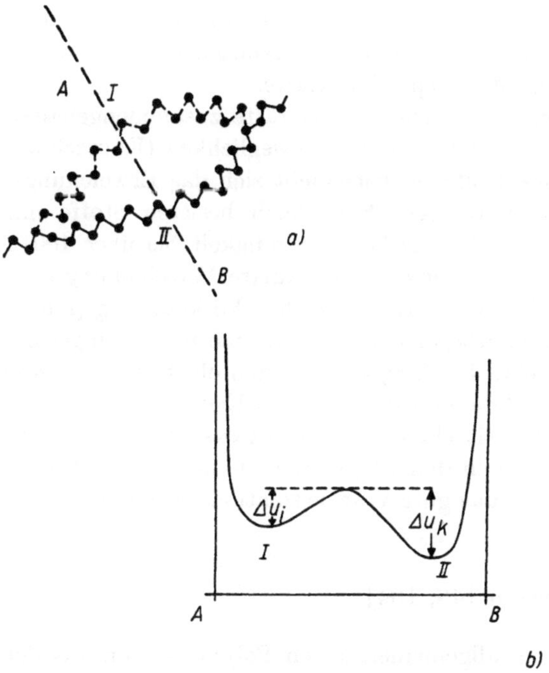

Abb. 7. a) Mögliche molekulare Konformationen I und II,
b) Schnitt durch eine Energiehyperfläche beim Übergang I—II in Richtung AB,
(ΔU_i ΔU_k Aktivierungsenergien)

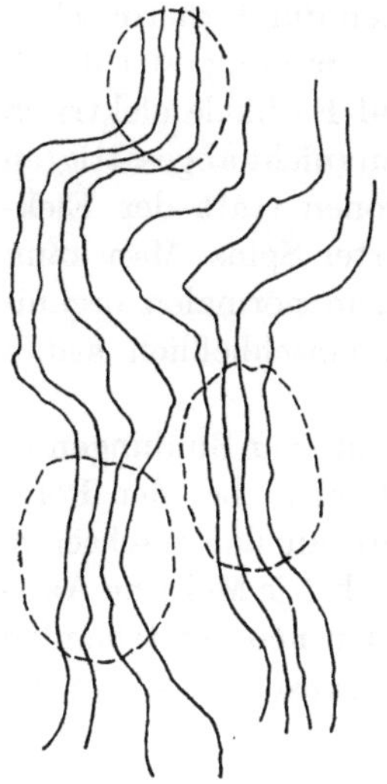

Abb. 8. Molekülorientierung in partiell kristallinen makromolekularen Festkörpern
(kristalline Bereiche gestrichelt umrandet)

Schmelzpunkt, sondern ein breites Erweichungsgebiet. Im Tieftemperaturgebiet sind nur die schwächsten Bindungen mit den thermischen Schwingungsenergien gleichwertig. Es sind das die Dispersionskräfte.

Polymere Festkörper, die nur durch Dispersionskräfte zusammengehalten werden, erreichen bereits bei −70 °C eine partielle Beweglichkeit (Kautschuk). Spielen Dipolbindungskräfte eine Rolle, so verschiebt sich das Erweichungsgebiet bis 100 °C (PVC, Polymethakrylat). Schließlich besitzen Stoffe mit Wasserstoffbrückenbindungen eine thermische Beständigkeit bis über 100 °C (Polyamide, Zellulose). Immer setzt aber eine molekulare Verschiebung oder Deformation die gleichzeitige Überwindung zahlreicher Verknüpfungspunkte voraus. Da die makromolekularen Körper keine Elektronen im Leitungsband enthalten, weisen sie eine schlechte Leitfähigkeit für den elektrischen Strom auf. Sie sind gute Isolatoren. In Metallen sind die freien Elektronen auch entscheidend für die Wärmeleitfähigkeit (Franz Wiedemannsches Gesetz). Die Abwesenheit eines Elektronengases in den Polymeren ist die Ursache für die schlechte Wärmeleitfähigkeit bzw. das gute Wärmeisolationsverhalten.

2.3. Die Bildung der Makromoleküle [48, 104]

Die Makromoleküle entstehen im allgemeinen durch Polymerisation aus den monomeren Grundmolekülen. Entscheidend ist dabei die Möglichkeit der Umwandlung von C=C-Doppelbindungen (π-σ-Bindungen) über Radikal- oder Ionenzustände in Einfachbindungen (σ-Bindungen) und Anlagerung weiterer Monomere als Kettenreaktion.

Die zur Polymerisation notwendigen Radikale entstehen durch thermischen Zerfall von Peroxiden, durch Einwirkung energiereicher Strahlung oder durch chemisch ausgelöste Radikalbildungsprozesse. Dabei sind Radikale elektrisch neutrale Moleküle mit nicht kompensierten Spinzuständen (nicht abgesättigten Valenzbindungen). Sie enthalten „ungepaarte“ Elektronen statt der Elektronenpaarbildung durch Antiparallelstellung benachbarter Spins. Man kann Radikalzustände veranschaulichen, indem man aus einem normalen organischen Molekül ein Atom, z. B. ein Wasserstoffatom, einschließlich seines Elektrons entfernt.

Bei der Polymerisation ist der Übergang von Kohlenstoff-π-σ-Bindungen in σ-Bindungen entscheidend. Aus einer π-σ-Bindung entstehen bei der Polymerisation zwei σ-Bindungen, indem sich die Monomere an das wachsende Molekül anlagern. Zur Spaltung der π-σ-Bindung ist zunächst je Mol eine Aktivierungsenergie von $\approx$ 560 kJ erforderlich. Bei den beiden neu entstehenden σ-Bindungen werden jedoch 2×320 kJ frei, so daß im ganzen 80 kJ an die Umgebung abgegeben werden.

Die Polymerisation ist ein exothermer Prozeß. Durch den Einsatz von Katalysatoren kann der Umsatz je Zeiteinheit wesentlich beschleunigt werden. In der angegebenen überschlägigen Energieabschätzung ist entsprechend dem SI die Einheit kJ verwendet. Früher wurde dafür die Maßeinheit kcal/mol benutzt (1 kcal = 4,186 kJ).

Wir betrachten als Beispiel wieder das Polyvinylchlorid. In Anlehnung an die anschaulich verständliche, aber veraltete Oktett-Theorie von LEWIS werden bindende Elektronen durch Punkte dargestellt.

1. Schritt (Start):

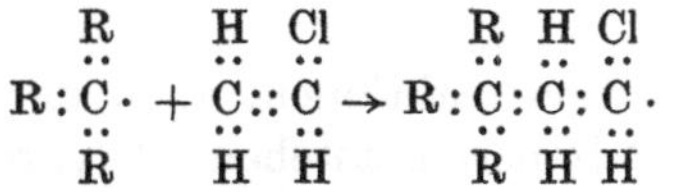

Initiatorradikal

Die Elektronen haben die Tendenz zur Bildung abgeschlossener Achterschalen.

2. Schritt (Kettenwachstum):

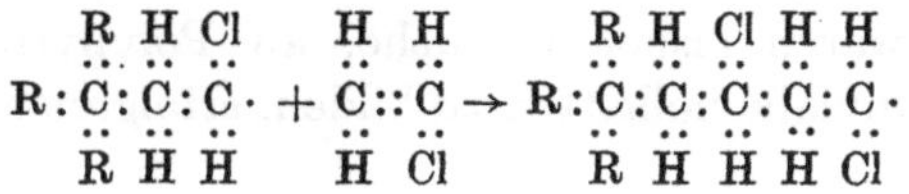

3. Schritt (Kettenabbruch):

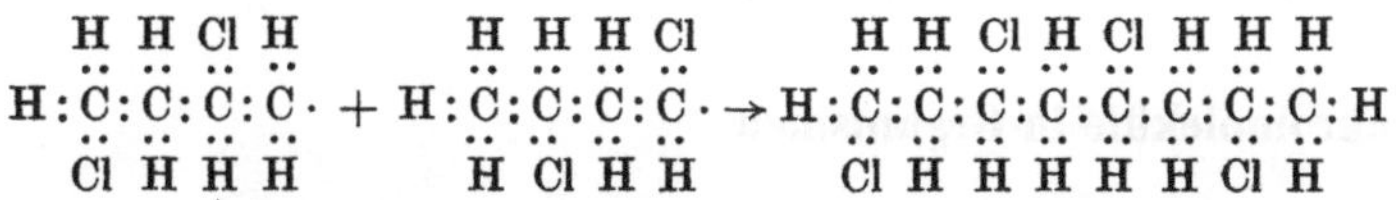

Die Kettenabbruchreaktion kann z. B. durch Anlagerung eines Wasserstoffatoms, durch Zusammentreffen zweier wachsender Ketten, durch Übertragung des Radikalcharakters auf ein anderes Monomer oder durch Bildung einer π-σ-Bindung unter Wasserstoffaustritt erfolgen.

Statt der besprochenen radikalischen Polymerisation können auch Ionenreaktionen zur Bildung von Makromolekülen führen. Dabei handelt es sich um Elektronenplatzwechsel unter Bildung geladener Teilchen, z. B.

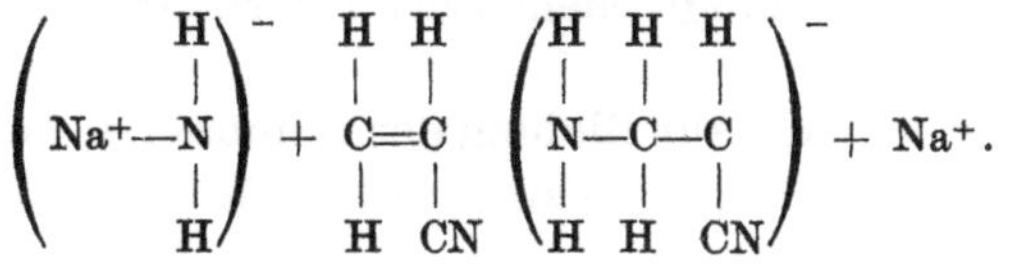

Es lagern sich dann weitere Monomere unter Beibehaltung der negativen Ladung an (anionische Polymerisation).

In anderen Fällen kommt es bei der Zusammenlagerung von Monomeren zur Abspaltung niedermolekularer Bestandteile, z. B. Wasser. Man spricht von Polykondensation, z. B.

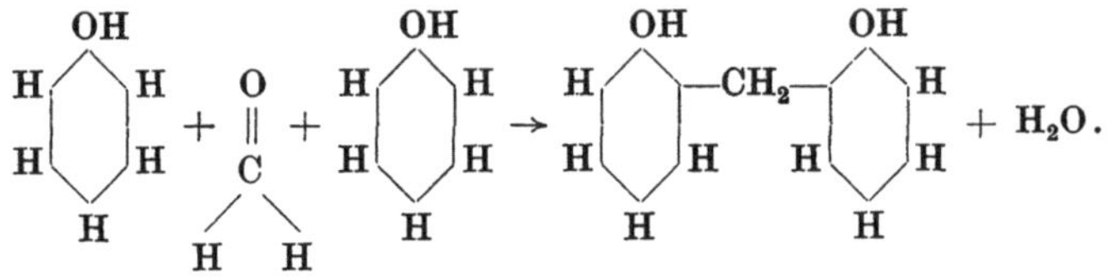

Weiterhin können auch durch Additionsreaktionen, z. B. der Isocyanatgruppe mit mehrwertigen Alkoholen, Polymere entstehen (Polyurethane). Die sich bei den üblichen Herstellungsarten aus bifunktionellen Monomeren bildenden kettenförmigen Polymere können verzweigt oder vernetzt sein, z. B. führt die Zugabe von Divinylbenzol zu einer räumlichen Vernetzung.

Die den lebenden Organismus aufbauenden Makromoleküle entstehen in vielen Fällen durch Matrizenpolymerisation. Hierbei kommt es zur Bildung identisch gleicher Moleküle, worüber noch ausführlich zu sprechen ist. Im nichtbiologischen Bereich waren bisher Versuche, an Polypyrrolidinketten über Wasserstoffbrücken Vinylalkoholketten zu bilden, erfolgreich.

3. Polymere Biomoleküle [1, 34, 40, 44, 56, 87]

3.1. Makromoleküle in Organismen

Lebewesen enthalten feste, flüssige und gasförmige Anteile. Die chemischen Prozesse in den Organismen laufen in wäßriger Phase ab. Bis über 80% der Körpersubstanz besteht aus Wasser.

Niedermolekular sind die Lösungsmittel, die ionalen Bestandteile (K^+, Na^+, Cl^- usw.), die Energieträger (Glukose, Fette, Adenosintriphosphat (ATP), Adenosindiphosphat (ADP), die monomeren Grundmoleküle als Bausteine für die alle Lebensvorgänge beherrschenden Makromoleküle, weiterhin niedermolekulare organische Säuren, Basen, Ester usw. und schließlich in einigen Fällen Substanzen zur Übermittlung „chemischer Informationen" (Hormone) und die Vitamine.

Polymer sind die Grundelemente zur Bildung der Membranen, Häute, Haare, des Stützapparates, der Fasern, Sehnen usw., (wobei häufig niedermolekulare

Bestandteile eingelagert sind). Die wichtigsten polymeren Bausteine sind die Nucleinsäuren als Träger des Informationsschatzes und Befehlsgeber für das biologische Geschehen und die Eiweiße, insbesondere in der Form von Enzymen, d. h., als organische Katalysatoren. Die Rezeptoren, Nachrichtenübermittler und Träger des geistigen Geschehens haben ebenfalls polymere Nucleinsäuren und Proteine als Grundlage.

Die Organismen nehmen niemals Makromoleküle unmittelbar von außen auf. In jedem Fall erfolgt zunächst ein Abbau, z. B. durch die Verdauungsprozesse, bis zu den Grundmolekülen und dann ein Aufbau bis zu den körperspezifischen Substanzen.

Die polymeren Bausteine der Zellen sind teils kristallin (z. B. Zellulose), teils amorph (z. B. Stärke), teils individuum-spezifisch strukturiert (Nucleinsäuren, Proteine). In der Biomasse (Masse aller Lebewesen zusammengenommen) spielt die Zellulose die größte Rolle. Wegen der Wechselwirkungen mit Wasser und des chemischen Geschehens in wäßriger Umgebung sind die meisten polymeren Biomoleküle hydrophil, z. T. wasserlöslich. Dabei tritt in wäßriger Umgebung eine geringe Wirksamkeit der Wasserstoffbrücken zwischen den Polymeren selbst ein. Diese ist stärker bei wasserfreier Umgebung der Makromoleküle.

Ein Großteil der polymeren Biomoleküle entsteht durch Polymerisation bestimmter monomerer Grundeinheiten. Wir nennen als Beispiele:

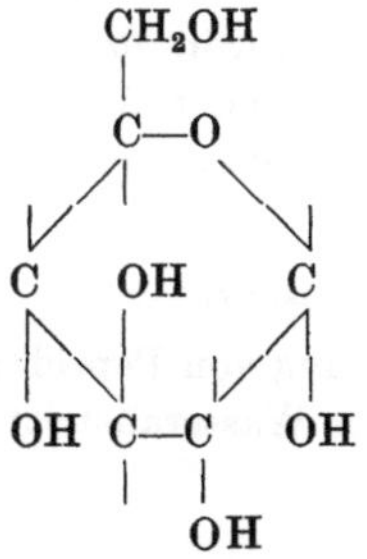

α-Glukose
Bildung von Stärke (3.1)
(isotaktische Verknüpfung)

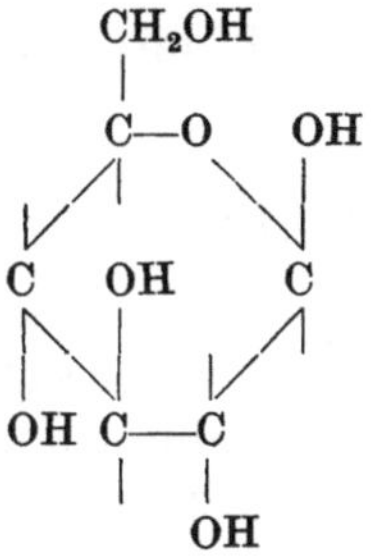

β-Glukose
Bildung von Zellulose (3.2)
(syndiotaktische Verknüpfung)
(vgl. Abb. 11)

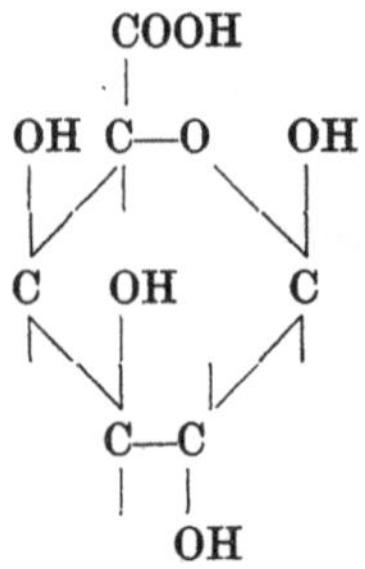

Galakturonsäure
Bildung von Protopektin
(in Zellwänden enthalten) (3.3)

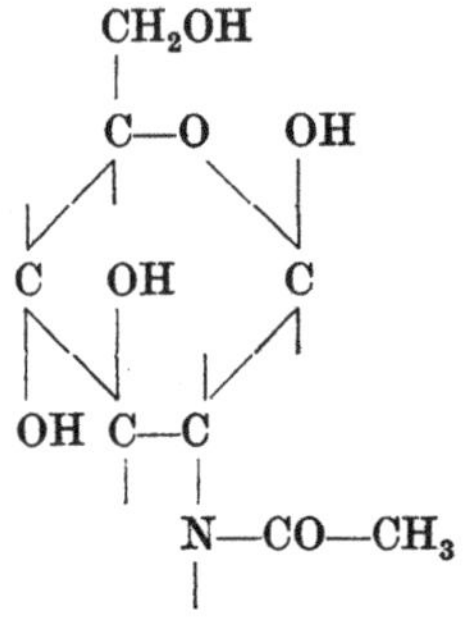

β-N-Acetylglukosamin
Bildung von Chitin (3.4)

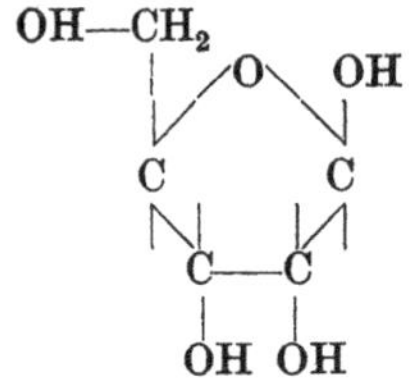

β-D-Ribose
Ribose verbunden mit Purin- bzw. Pyrimidinbase ist ein niedermolekulares Nucleosid, Ribose verbunden mit Purin- bzw. Pyrimidinbase und Phosphat bildet ein niedermolekulares Nucleotid (Baustein der DNA) (3.5.)

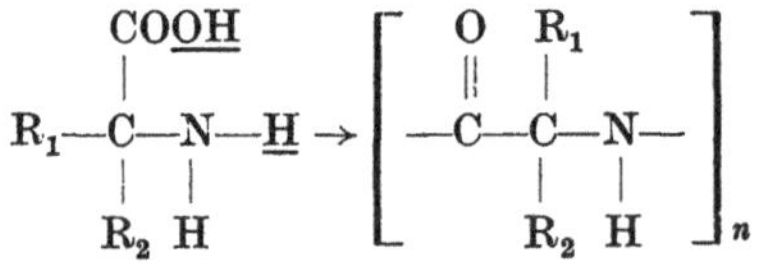

Aminosäure
Bildung von Peptiden
unter Wasseraustritt (3.6)

(Die Bildung der Makromoleküle erfolgt in (3.6) unter Wasseraustritt an den unterstrichenen OH-Gruppen. Wasserstoffatome sind durch Valenzstriche angedeutet.)

3.2 Matrizenpolymerisation als strukturbildender Prozeß polymerer Einzelmoleküle

Während die im Kapitel 2. behandelten technischen Makromoleküle auf Grund des Zufallscharakters von Start, Wachstum und Kettenabbruch uneinheitlich groß und in bezug auf isotaktische und syndiotaktische Strukturen bzw.

Trans- und Cisformen unterschiedlich sind, liefert die Matrizenpolymerisation der Biopolymeren eine genaue Reproduktion schon bestehender Makromoleküle. Das geschieht durch nahezu fehlerfreie Anlagerung niedermolekularer Bausteine an ein als Matrize wirkendes Makromolekül. Die Fehlerhäufigkeit auf statistischer Basis wird in [25] und [121] abgeschätzt.

Die Matrizenpolymerisation liefert identisch gleiche Moleküle, vergleichbar dem Abdruck eines Schriftsatzes in einer Druckmaschine.

Bezeichnen wir mit a und b die Elemente der Kette und mit A, C, G und T die sich wechselseitig bedingenden Seitengruppen A → T, C → G, G → C und T → A, so entstehen aus der Matrize

$$\text{(I)}\quad \begin{array}{cccccccccccccccc} a & — & b & — & a & — & b & — & a & — & b & — & a & — & b & — \\ & & \mid & & & & \mid & & & & \mid & & & & \mid & \\ & & \mathrm{A} & & & & \mathrm{C} & & & & \mathrm{G} & & & & \mathrm{T} & \end{array} \tag{3.7}$$

zunächst die Matrize

$$\text{(II)}\quad \begin{array}{cccccccccccccccc} & & \mathrm{T} & & & & \mathrm{G} & & & & \mathrm{C} & & & & \mathrm{A} & \\ & & \mid & & & & \mid & & & & \mid & & & & \mid & \\ a & — & b & — & a & — & b & — & a & — & b & — & a & — & b & — \end{array}$$

und durch Wiederholung des Abdruckes von (II) ein zum ursprünglichen Molekül (I) identisch gleiches

$$\begin{array}{lcccccccccccccccc} \text{(II)} & a & — & b & — & a & — & b & — & a & — & b & — & a & — & b & — \\ & & & \mid & & & & \mid & & & & \mid & & & & \mid & \\ & & & \mathrm{T} & & & & \mathrm{G} & & & & \mathrm{C} & & & & \mathrm{A} & \\ & & & & & & & & & & & & & & & & \\ & & & \mathrm{A} & & & & \mathrm{C} & & & & \mathrm{G} & & & & \mathrm{T} & \\ & & & \mid & & & & \mid & & & & \mid & & & & \mid & \\ \text{(I)} & a & — & b & — & a & — & b & — & a & — & b & — & a & — & b & —. \end{array} \tag{3.8}$$

In Erweiterung der Matrizenpolymerisation ist es auch möglich, bestimmten Kombinationen der an einer Hauptkette gebildeten Seitengruppen andere Monomere zuzuordnen und diese bei der Anlagerung an die steuernde Kette des Matrizenmoleküls zu einem ganz anders gearteten Makromolekül zu vereinigen. Das geschieht, indem z. B. einer Triade ACG oder einer Triade AAG eine andere niedermolekulare Einheit α bzw. β zugeordnet wird:

$$\begin{array}{c} a—b—a—b—a—b—a—b—a—b—a—b—. \\ \underbrace{\mathrm{A}\quad \mathrm{C}\quad \mathrm{G}}_{\alpha}\quad \underbrace{\mathrm{A}\quad \mathrm{A}\quad \mathrm{G}}_{\beta} \end{array} \tag{3.9}$$

Man nennt diese durch jeweils mehrere Seitengruppen eines Makromoleküls gesteuerte Polymerisation eines anderen Polymers α-β-γ- usw. Translation, besser Translationspolymerisation.

3.3 Ribonucleinsäuren und deren Bildung durch Matrizenpolymerisation [18, 61]

Die hier geschilderte Matrizenpolymerisation ist charakteristisch für das biologische Geschehen. Wir studieren dieses Verhalten am Beispiel der Ribonucleinsäuren. Nucleinsäuren sind hochmolekulare Verbindungen, die aus Pentosen (Zucker in der Form von Ribose), organischen Basen und Phosphorsäure bestehen. Nach der Art der Pentosen werden Ribonucleinsäure (RNA) und Desoxyribonucleinsäure (DNA) unterschieden. RNA enthält Ribose, DNA Desoxyribose. Es gelten folgende Formelbilder:

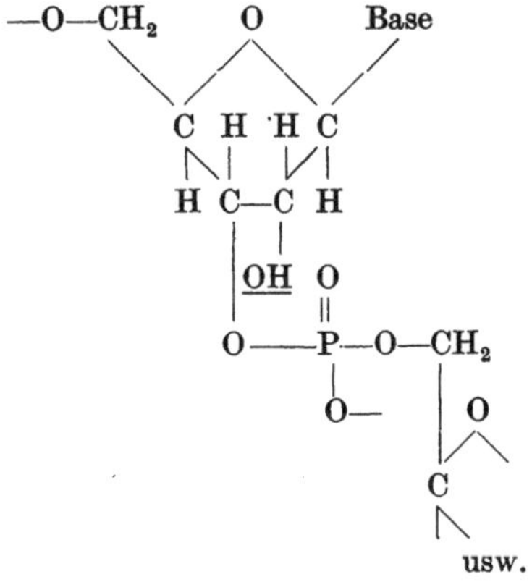

Ribose (RNA) (3.10)
(OH unterstrichen)

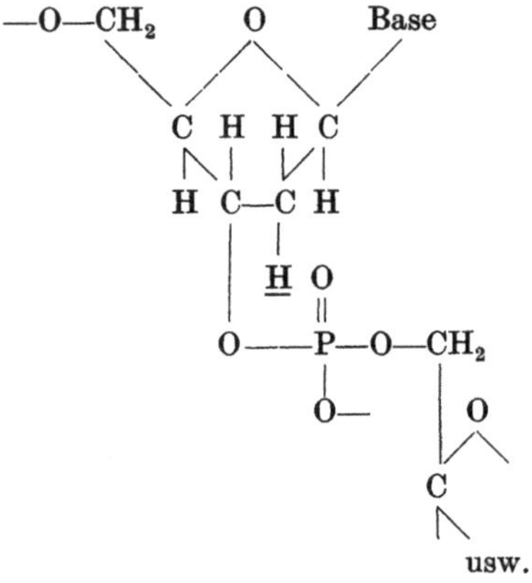

Desoxyribose (DNA) (3.11)
(H unterstrichen)

Als wichtigste Basen werden gefunden:

1. Die Pyrimidinbasen: Cytosin (C), Thymin (T) und Uracil (U).
   Für diese gelten folgende Formelbilder:

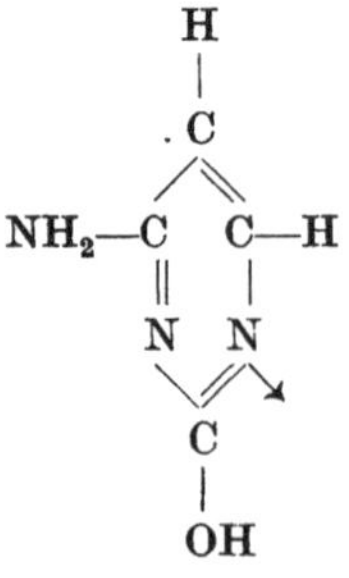

Cytosin (C) (3.12)

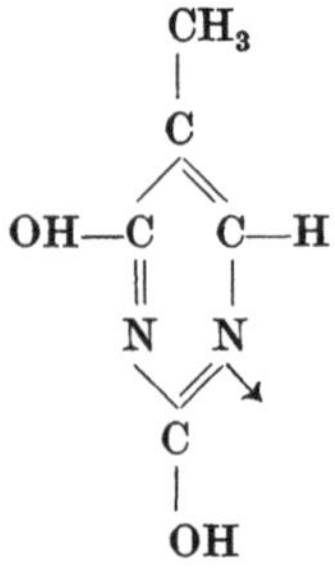

Thymin (T) (3.13)

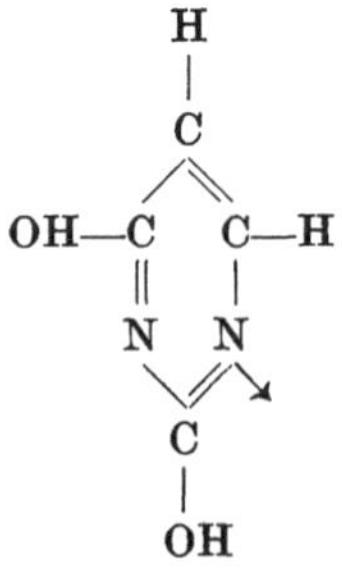

Uracil (U) (3.14)

2. Die Purinbasen: Adenin (A) und Guanin (G).
Hier lauten die Formeln:

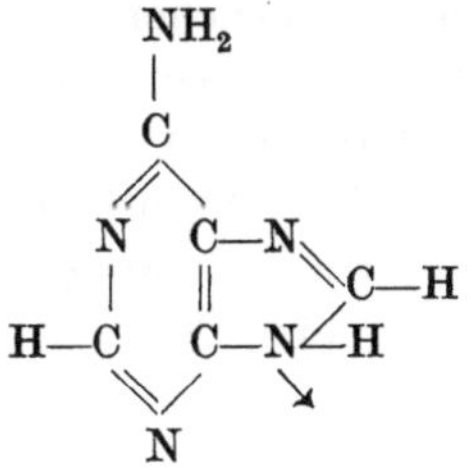

Adenin (A) (3.15)

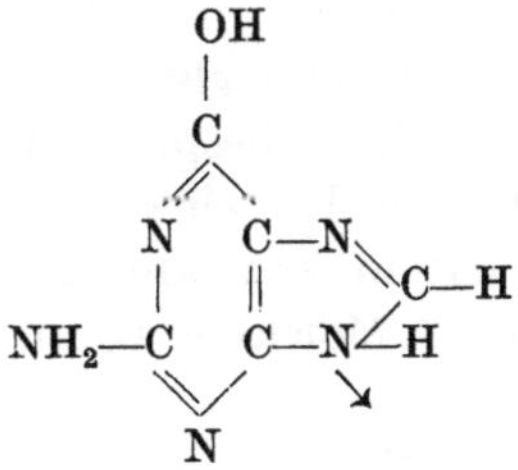

Guanin (G) (3.16)

Der Pfeil bezeichnet jeweils die Verknüpfungsstelle mit der Ribose. Werden Base und Pentose unter Wasseraustritt verbunden, entstehen Nucleoside, z. B. Ribose + Adenin → Adenosin. Das Uracil wird fast immer in der Ribonucleinsäure nachgewiesen. In der DNA findet man an der gleichen Stelle das Thymin.

Bei der Matrizenpolymerisation der Nucleinsäuren entstehen langgestreckte Moleküle der Form:

Phosphat — Ribose — Phosphat — Ribose — Phosphat —
| |
Purin- oder Pyrimidinbase   Purin- oder Pyrimidinbase

Die jeweils zu bindende Base liegt durch die Matrizenpolymerisation fest. Das geschieht nach den Formeln (3.7) und (3.8). Dabei bedeuten *a* das Phosphat und *b* die Ribose. Die Basen A, C, G, T und U sind sterisch so strukturiert, daß sie sich bei Parallellagerung der Kettenmoleküle wechselseitig ineinander fügen (Schloß-Schlüssel-Funktion der einander zugeordneten Basenpaare C und G bzw. A und T bzw. A und U). Dabei wirken Wasserstoffbrücken bindungsfestigend. Die Purin- und Pyrimidinbasen jedoch können in unterschiedlicher Sequenzfolge mit der makromolekularen Kette durch Hauptvalenzbindungen verknüpft sein. Dabei entstehen jeweils chemisch verschiedenartige, stabile Moleküle. Wir werden auf die ungeheure Mannigfaltigkeit der so möglichen unterschiedlichen Konfigurationen zurückkommen.

Die in den Zellen aller Lebewesen ständig stattfindende Neubildung identisch gleicher polymerer Nucleinsäuren nennt man Replikation. Die niedermolekularen Verbindungen aus Phosphat, Ribose und Purin- bzw. Pyrimidinbasen werden Nucleotide genannt. Ein polymeres DNA- oder RNA-Molekül enthält soviel Nucleotide, wie Purin- und Pyrimidinbasen zusammen.

Die Replikation ist der in allen pflanzlichen und tierischen Zellen, ja bereits in den Koerzevaten ablaufende gleichartige lebensnotwendigste Prozeß. Er ermöglicht die Bildung von Molekülen von genau gleicher Größe, gleicher chemischer Struktur und gleicher Sequenzfolge der Purin- und Pyrimidinbasen. Wie wir noch zu besprechen haben, liegt die DNA in den Zellen als Doppelstrang vor, wobei eine charakteristische Verschraubung beobachtet wird. Die Replikation setzt also die Lösung der Umschlingung der einander zugeordneten DNA-Moleküle voraus, wobei sich eine Y-Struktur (Abb. 9)

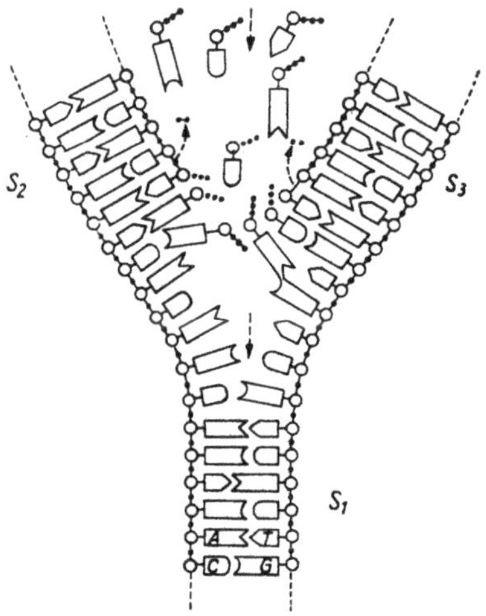

Abb. 9. Gabelstruktur der Einzelstränge der DNA bei der Replikation

bildet. Im Cytoplasma schwimmen die Nucleotide an den geöffneten Doppelstrang S_1 heran und bilden hier unter Mithilfe eines Enzymes „Polymerase“ zwei identisch gleiche Doppelstränge S_2 und S_3, die sich sofort wieder spiralisch umwinden. Die Anlagerung erfolgt hierbei so, daß sich die entsprechenden Purin- und Pyrimidinbasen bei Berücksichtigung der sterischen Struktur und unter Mitwirkung der Wasserstoffbrücken genau gegenüberstehen. Dabei sind Adenin und Thymin sowie Cytosin und Guanin wechselseitig einander zugeordnet. In der Ribonucleinsäure gilt das für Adenin und Uracil. Die Sequenzfolge ist überlappungsfrei und eindeutig. Es war eine wichtige Aufgabe der Forschung, die genannte Replikation außerhalb der lebenden Zelle nachzubilden. 1958 gelang die Polymerisation der Nucleotide zur DNA mit dem von Kornberg [61] entdecktem Enzym. Es wurden DNA-Moleküle als Matrize und die Triphosphate aller vier Nucleotide vorgegeben. Die Kette wächst gliedweise unter Abspaltung von Pyrophosphat.

Die genannten Ribonucleinsäuren einschließlich der Purinbasen A und C und der Pyrimidinbasen C, T und U treten als Oligomere und als Polymerisate mit einem Polymerisationsgrad weit über 10000 in den Organismen auf. Die Länge der Einzelmoleküle kann 1 mm übersteigen. Die Ribonucleinsäuren sind z. T. wasserlöslich. Die DNA kommt vornehmlich im Zellkern und die RNA im Cytoplasma vor. Die Bedeutung und die Strukturbilder der DNA sind durch eine große Zahl von Veröffentlichungen und Lehrveranstaltungen so bekannt geworden, daß hier eine genauere Darstellung überflüssig ist. [1, 2, 3, 35, 56, 64, 112a, 121]

Wir benötigen jedoch in den späteren Kapiteln über Moleküle als Lebensträger einige grundlegende Fakten zum Verständnis der Korrelationen zwischen dem chemischen Aufbau bzw. der Strukturbildung und dem Informationsinhalt.

3.4. Proteine (Eiweiße [1, 40, 44, 56, 102, 112a, 121] und ihre Bildung durch Transkription und Translation

Die Eiweiße stellen Polykondensate der Aminosäuren

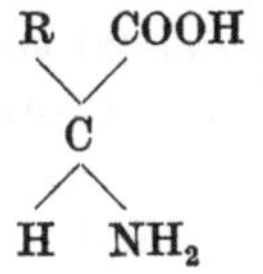

(3.17)

dar. Diese enthalten eine Carboxyl- und eine Aminogruppe sowie einen Aminosäurerest R. Bei der Kondensation bildet sich aus der COOH- und NH_2-Gruppe unter Wasseraustritt eine Peptidbindung:

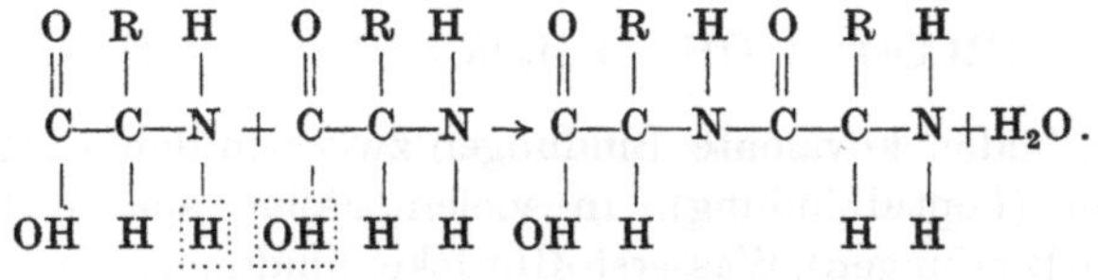

(3.18)

Zunächst entsteht aus zwei Aminosäuren das Dimere und durch Fortsetzung der Kondensation die polymere Peptidkette:

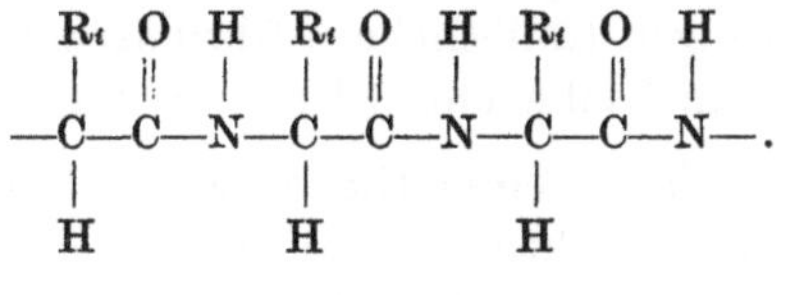

(3.19)

Wir erhalten langgestreckte oder globuläre Kettenmoleküle. Ihre Molekülmasse schwankt, soweit es sich um Proteine (griechisch: die den ersten Platz einnehmenden) handelt, zwischen 10000 und 1000000. Die Molekülmassen der

Peptide sind dagegen kleiner als 10000. Dabei können verschiedene Aminosäurereste R_i eingebaut werden. Man beobachtet in der belebten Natur 20 verschiedene Aminosäurereste. Durch ihren sterischen Aufbau behindern diese häufig eine freie Drehbarkeit um die C—N- bzw. C—C-Valenzen. Dieser Effekt trägt sehr stark zur Bildung der noch zu behandelnden Strukturen der globulären Proteine bei.

Die monomeren Aminosäuren haben folgendes Formelbild:

$$\begin{array}{c} R_i \\ | \\ NH_2\text{—}C\text{—}COOH. \\ | \\ H \end{array} \qquad (3.20)$$

Das mit dem Rest R_i verbundene Kohlenstoffatom (α-Kohlenstoffatom) hat einen unsymmetrischen Charakter, falls der Rest R_i selber nicht Wasserstoff ist. Deshalb können die Aminosäuren in bezug auf das linear polarisierte Licht rechts- (D) oder linksdrehend (L) sein. Bei den natürlichen Proteinen beobachten wir linksdrehende Formen.

In der folgenden Tabelle finden wir eine Darstellung der 20 verschiedenen Aminosäuren, geordnet nach neutralen, sauren und basischen Resten. [56, 121]

Alle Aminosäuren sind polar, mit Ausnahme des Glycins, unsymmetrisch in ihrem Aufbau und deshalb auch optisch aktiv. Sie sind ampholyt, d. h., sie haben Zwitterionen. Es besteht die Möglichkeit, daß ein Proton von der Carboxyl- zur Aminogruppe überwechseln kann. Man spricht von intramolekularer Salzbildung. Das kommt in der folgenden Formel zum Ausdruck:

$$H_3N^+CHRCOO^- + H^+ \rightarrow H_3N^+CHRCOOH \quad \text{oder}$$

$$H_3N^+CHRCOO^- + OH^- \rightarrow H_2NCHRCOO^- + H_2O.$$

Die Aminosäuren bilden kovalente Bindungen zwischen den α-NH_2- und den α-COOH-Gruppen (Peptidbindung). In vielen Fällen spielen heteropolare Bindungen (ionale Bindungen), Wasserstoffbrückenbindungen, Disulfidbindung (Cystein), Dipolbindungskräfte usw. eine strukturbildende Rolle.

Die sich aus den Aminosäuren bildenden polymeren Proteine sind neben der Zellulose und den Nucleinsäuren die wichtigsten Bausteine für alle Organismen. Wir nennen zunächst die faserförmigen (unlöslichen) fibrillären und zweitens die nicht so hochmolekularen und zum Teil leicht löslichen globulären Proteine.

1. Die fibrillären Eiweiße haben keine einheitlichen Molekülmassen, wohl aber längs der Ketten einheitliche Strukturen. Sie sind deshalb noch am ehesten mit technischen Polymeren zu vergleichen. Ihre Aufgaben im Organismus sind leicht zu umreißen: Bildung des Stützapparates, der Membranen, Häute, Bänder und Muskeln.

Tabelle 1. Aminosäuren

I. Neutral

1. Glycin (Gly)

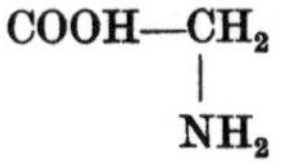

2. Alanin (Ala)

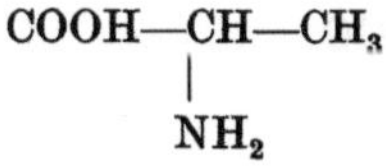

3. Valin (Val)

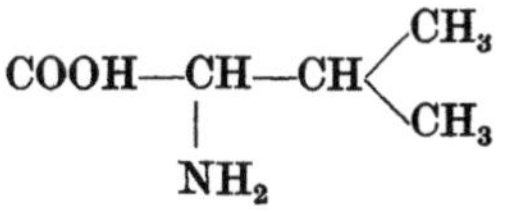

4. Leucin (Leu)

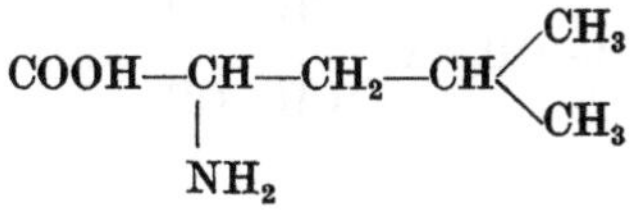

5. Isoleucin (Ileu)

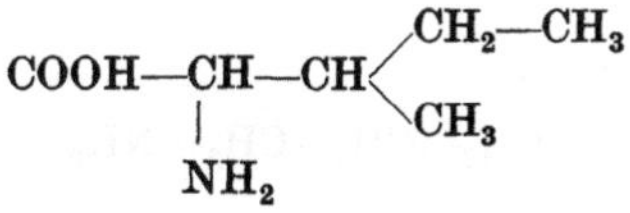

6. Phenylalanin (Phe)

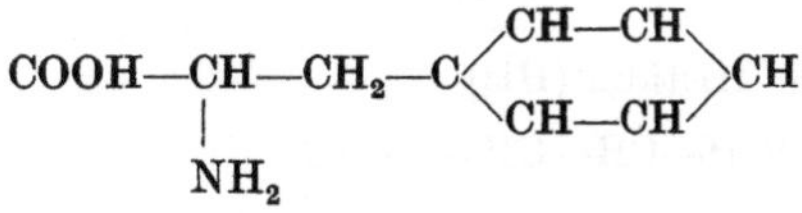

7. Prolin (Pro)

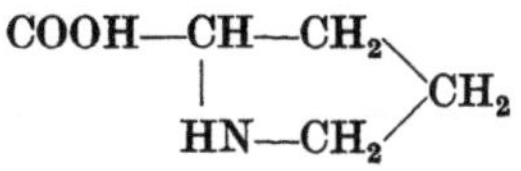

8. Tryptophan (Try)

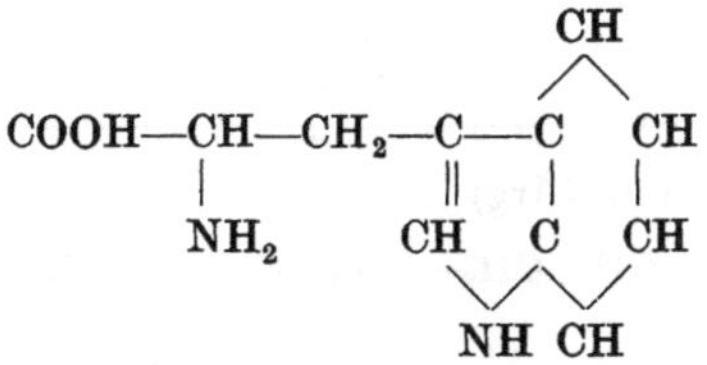

9. Serin (Ser)

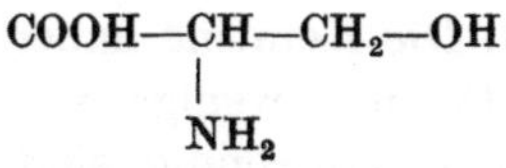

10. Threonin (Thre)

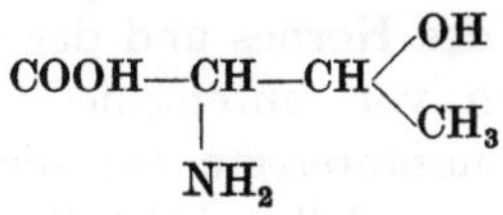

11. Methionin (Meth)

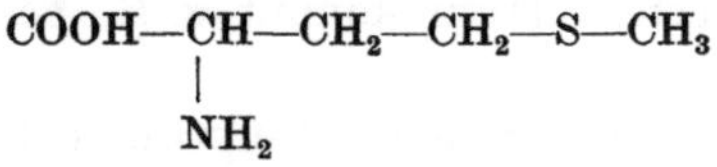

12. Aspargin (Asp)

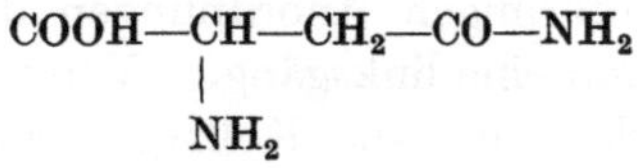

13. Glutamin (Glu—NH_2)

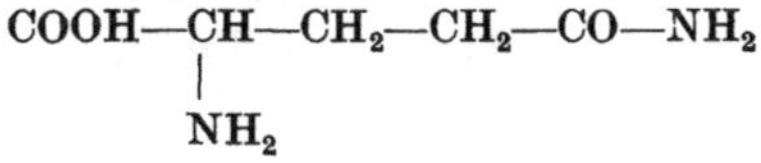

14. Cystein (Cys)

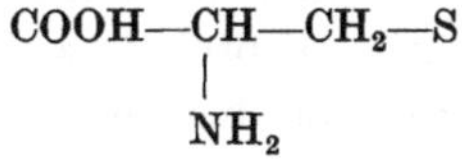

Tabelle 1 (Fortsetzung)

II. Saure Reste 15. Asparaginsäure (Asp) $COOH{-}CH(NH_2){-}CH_2{-}COO^-$	16. Glutaminsäure (Glu) $COOH{-}CH(NH_2){-}CH_2{-}CH_2{-}COO^-$
17. Tyrosin (Tyr) 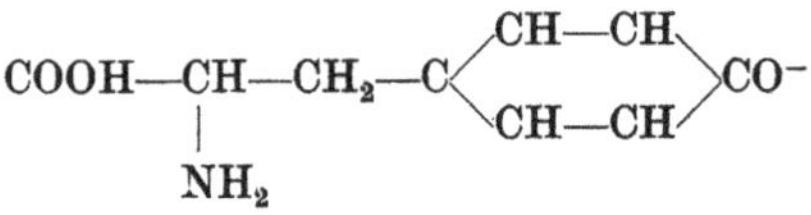 (nur schwach sauer)	
III. Basische Reste 18. Histidin (His) 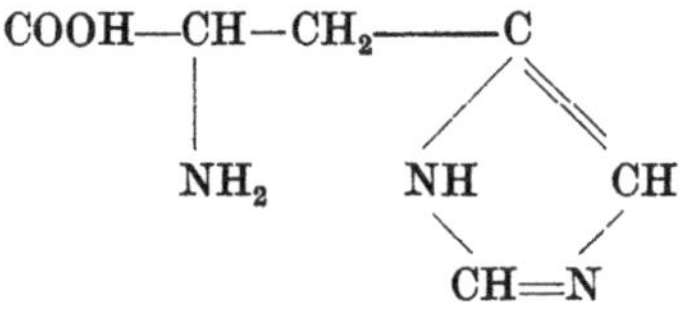	19. Lysin (Lys) $COOH{-}CH(NH_2){-}CH_2{-}CH_2{-}CH_2{-}NH_2$
20. Arginin (Arg) $COOH{-}CH(NH_2){-}CH_2{-}CH_2{-}CH_2{-}C(NH_2){=}NH$	

Zu den fibrillären Proteinen gehören die Keratine, die für den Aufbau der Wolle, Haare, des Hornes und der Krallen wichtig sind. Die Keratine haben Helixstrukturen von unterschiedlicher Molekullänge. Da nur wenige verschiedene Aminosäurereste für diese einfachsten Eiweiße notwendig sind, sind ihr Aufbau und ihre kristalline Struktur am leichtesten der Forschung zugänglich. Das α-Keratin (Haare, Wolle, Nägel) besteht aus rechtsgängigen, schraubenförmigen Anordnungen der Peptidketten. Dazu kommt z. B. bei den Haaren eine linksgängige Verzwirnung.

Weiterhin sind die Kollagene zu nennen. Diese entstehen hauptsächlich aus Glycin und Prolin.

2. Globuläre Proteine. Wesentlich komplizierter sind die als Knäuel vorliegenden globulären Proteine, z. B. das Myoglobin, das Hämoglobin, das Hormon Insulin und das Kasein. [1, 2, 3, 16, 44, 64, 73] Neben der Einteilung

der Proteine auf Grund ihrer Struktur und ihres chemischen Aufbaus gibt es Darstellungen, in denen die Funktionalität und Aufgabenstellung betont wird (Tab. 2).

Tabelle 2. Funktionalität und Aufgabenstellung der Proteine

Aufgabenstellung	Charakteristische Proteine (Beispiele)
1. Bildung von Organ- und Zellstrukturen (Membranen, Häute, Stützapparat)	Keratin Kollagen Membranstrukturprotein
2. Hormone	Insulin, Vasopressin
3. Proteine mit Schutzwirkung	Antigene
4. Gifte	Bakterientoxine
5. kontraktile Proteine (Muskeln)	Myosin (Aktomyosin)
6. Transportproteine	Hämoglobin (Sauerstofftransport Blut) Myoglobin (Sauerstofftransport Muskel) Serumalbumin (Fetttransport)
7. Speicherproteine	Kasein (Milch) Albumin (Hühnereiweiß)
8. organische Katalysatoren (Enzyme)	... ase

Für uns sind die als Biokatalysatoren wirkenden Enzyme von besonderer Wichtigkeit. Sie haben Aufgaben als Initiatoren (Operatoren) zur Steuerung und Auslösung chemischer Prozesse sowie als Repressoren zur Hemmung und Beendigung von Umwandlungen. Die Zahl der in den Zellen auftretenden unterschiedlichen makromolekularen Enzyme wird auf über 10000 geschätzt. Man begnügt sich mit einer die Funktionalität charakterisierenden Bezeichnung, z. B. Polymerase. Zur Aufklärung des Baues der Proteine entwickelte man bestimmte chemische Methoden, wobei die Synthese durch zusätzliche Anknüpfung von Aminosäuren und der sukzessive Abbau besonders zu erwähnen sind. Von den physikalischen Methoden sind Röntgenkleinwinkelstreuung, Elektronenmikroskopie und Initiierung mit radioaktiven Isotopen zu nennen. Die Einheit des Lebens erlaubt die Übertragung der Erkenntnisse der Mikrobiologie auf die aus vielen differenzierten Zellen gebildeten Organismen. [2, 3, 27, 64, 112a]

3.5. Synthese der Proteine, insbesondere der Enzyme [44]

Wir haben im Falle der Nucleinsäure gesehen, daß durch die Matrizenpolymerisation identisch gleiche makromolekulare Nucleinsäuren entstehen. Entscheidend war hierbei die Schloß-Schlüssel-Funktion der einander entsprechenden Purin- und Pyrimidinbasen G und C bzw. A und T. Gibt es etwas Ähnliches bei den Proteinen? Hier wäre eine paarweise Zuordnung der 20 Aminosäuren denkbar. Diese ist aber aus sterischen Gründen und wegen des unterschiedlichen Bindungscharakters der Aminosäurereste (neutral, sauer und basisch) nicht realisierbar. Es müßte zu jedem Aminosäurerest ein spiegelbildlich gleiches, verzahnbares und sich wechselseitig bindendes Molekül existieren. Diese Forderung würde dann aber die notwendige funktionale Mannigfaltigkeit einschränken. Deshalb wird bei der Bildung identisch gleicher und bestimmte Merkmale tragender Proteine von der Natur der Umweg über die RNS-Synthese benutzt. Es gelten folgende Zuordnungen:

1. Alle Informationen und Steuerbefehle sind in der DNA materiell und individuumspezifisch fixiert.
2. Die Struktur und der Informationsinhalt der DNA und der sich daraus bildenden RNA korreliert eindeutig mit den zu bildenden Proteinen. Diese Korrelation wird durch den genetischen Code festgelegt.
3. Weiterhin besteht eine eindeutige Zuordnung einer primären Proteinstruktur, d. h. einer genau festliegenden Sequenzfolge der Aminosäuren R_i in den Peptidketten zu der Funktionalität dieser Moleküle.

Die Sequenzfolge der Adenin-, Guanin-, Cytosin- und Thyminbasen in den individuumspezifischen makromolekularen DNA-Molekülen legt die Sequenzfolge in den zugeordneten Proteinen fest. Man nennt diese Zuordnung sequenzkonform. Die für jedes Lebewesen typische Struktur der funktionalen Proteine ist demnach in der polymeren DNA verankert. Die eindeutige Zuordnung zwischen DNA und Protein kann geschehen durch eine Kopplung von Polyaden in der Sequenzfolge der DNA zu den Aminosäuren. Das Prinzip dieser Bildungsmöglichkeit kommt in der Formel (3.9) zum Ausdruck. Das bedeutet: eine bestimmte Sequenzfolge der DNA trägt die Information zur Anlagerung einer bestimmten monomeren Aminosäure.

Da nur vier Nucleinsäurebasen, aber 20 Aminosäuren existieren, ist eine eindeutige Kopplung zwischen jeweils einer Nucleinsäurebase und einer Aminosäure nicht möglich. Auch die 16 möglichen Diaden aus Nucleotiden reichen nicht aus, um 20 verschiedene Aminosäuren eindeutig festzulegen. Die genannten 16 Diaden lauten: AA, AC, AG, AT, CA, CC, CG, CT, GA, GC, GG, GT, TA, TC, TG und TT. Deshalb ist die Natur auf die Koordinierung von jeweils einer Triade aus drei Nucleotiden zur Festlegung einer Aminosäuresequenz angewiesen. Wie man leicht sieht, kann man auf diese Weise 64 verschiedene

Triaden (Kodons) bilden (AAA, AAC usw.), die man eindeutig den 20 Aminosäuren zuordnet. Bei der Verknüpfung von 20 Aminosäureresten mit 64 verschiedenen Triaden gibt es für jede Aminosäure mehrere Varianten. Es besteht deshalb die Möglichkeit, in dem zu bildenden Code weitere Übertragungsbefehle aufzunehmen. Das bezieht sich auf Kettenstart, Kettenabbruch und evtl. auf die Erkennung von Fehlern bei der Proteinsynthese.

Man nennt den zwischen den Triaden aus DNA und den Aminosäuren bestehenden Zusammenhang genetischen Code. Die Entzifferung desselben stellt eine der hervorragendsten Leistungen des 20. Jahrhunderts dar.

Aus sterischen Gründen ist eine Übertragung der Sequenzfolge der *doppelsträngigen* DNA-Helix auf das sich bildende Protein nicht möglich. Es muß deshalb die DNA zuerst eindeutig in eine einsträngige Form umgewandelt werden. Das geschieht unter Wahrung der charakteristischen Sequenzfolge der Purin- und Pyrimidinbasen bei der Bildung der RNA. Hierbei wird zusätzlich Thymin durch das Uracil ersetzt. Die für die Proteinsynthese sich zuerst bildende einsträngige makromolekulare Ribonucleinsäure wird Messenger-RNA (kurz mRNA) genannt. Das Molekulargewicht der mRNA beträgt bis zu einigen Millionen. Die Proteinsynthese erfolgt im Cytoplasma der Zelle in mehreren Schritten:

1. Bildung der einsträngigen makromolekularen mRNA durch Replikation der DNA. Diese ist der individuumspezifischen DNA sequenzkonform, also eine Kopie der DNA. Dieser Vorgang wird Transkription genannt. Er entspricht dem Umdruckverfahren der graphischen Technik. Dabei wird eine OH-Gruppe des Riboseringes durch ein Wasserstoffatom und das Thymin der DNA durch Uracil ersetzt. Wir verwenden in der abkürzenden Schreibweise U. Die Kettenlänge der mRNA liegt zwischen 1000 und 15000 Monomereinheiten. Die mRNA hat eine Lebensdauer bis zu einigen Tagen und kann durch wiederholten Abdruck bis zu 100 Proteinmoleküle synthetisieren.
2. Im Cytoplasma bildet sich eine Vielzahl von Kombinationen aus drei Nucleotiden mit jeweils einer der 20 Aminosäuren. Man nennt diese Träger der Aminosäuren Transferribonucleinsäuren, kurz tRNA. Sie haben Molekulargewichte bis zu etwa 2500 sind also viel kleiner als die mRNA. Die Synthese dieser tRNA-Moleküle erfolgt durch spezifische Enzyme, die Synthetasen, unter Beteiligung von ATP als Energielieferant. Auch in der tRNA tritt Uracil statt Thymin auf.
3. Unter Mitwirkung der Ribosomen schwimmen die tRNA-Komplexe an die mRNA heran. Die Ribosomen bestehen aus jeweils zwei ungleich großen ellipsoidartigen Gebilden (Abb. 10). In diesen erfolgt die Synthese von Proteinen. Sie kann in einer anschaulichen, sehr verallgemeinerten Form mit der Funktion einer Druckmaschine verglichen werden. Eine Anlagerung der

mRNA ist jeweils nur möglich, wenn drei einander zugeordnete Nucleotide mit den entsprechenden Nucleotiden der mRNA sequenzadäquat sind. Auf diese Weise wird auch die richtige Reihenfolge der Aminosäuresequenzen, die in der mRNA verankert sind, gewährleistet. Die Sequenzfolge ist überlappungsfrei, weist aber auch keine Zwischenräume auf. Bei der Translationspolymerisation, werden jeweils die Aminosäuren, nicht aber die Nucleotide miteinander verknüpft. Nach der kurzzeitigen Kontaktaufnahme der Nucleotide einschließlich der von ihnen getragenen Aminosäuren kommt es zur Bildung der Peptidkette und der Trennung der Nucleotide von derselben. Bei dem sich abspaltenden Eiweiß, das eine charakteristische, meist verknäuelte Gestalt annimmt, fehlt die Grundkette der Nucleotide. Hier ist die Reihenfolge der aus 20 Aminosäureresten gebildeten kettenförmigen Polymere entscheidend. Die Proteine sind als Mischpolymere aus 20 verschiedenen monomeren Grundeinheiten aufzufassen.

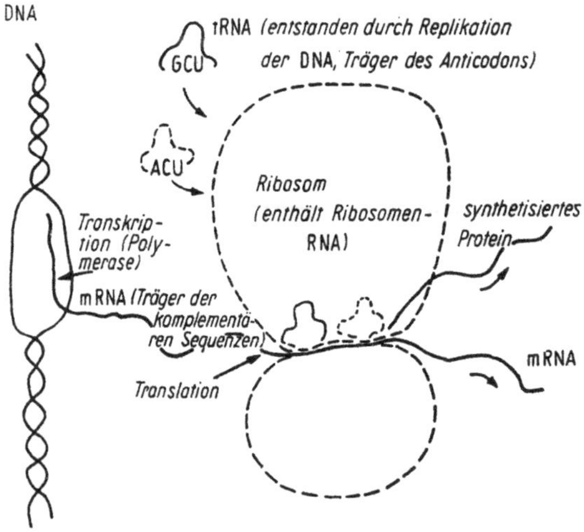

Abb. 10. Synthese der Proteine nach Transkription durch Translation in den Ribosomen (schematisch dargestellt)

Ausführliche Angaben über Steuerung der einzelnen Schritte unter Mithilfe von Magnesiumionen findet man in den grundlegenden Arbeiten von Monod [52, 70], Crick [16] und Noll [74]. Diese Autoren führten die Begriffe Operon, Operator und Repressor zur Charakterisierung der Steuerfunktionen der die Eiweißsynthese initiierenden Enzyme ein. Diese Enzyme steuern die Transkription und die Translation. Die Repressoren üben eine hemmende Wirkung aus bzw. führen zum Abbruch der Synthese. Die in den Punkten

1. bis 3. geschilderte Transkription und Translationspolymerisation ist die komplizierteste, aber auch am besten gesteuerte Form einer Polymerisation. Dabei bedeutet Translation Übersetzung in die Sequenzfolge der Proteine. Im genetischen Code besitzen alle Aminosäuren bis auf Methionin und Tryptophan mehrere Triplets, wobei die ersten beiden Basen dieser Triplets meist gleich sind. Der Unterschied liegt wesentlich in der letzten Base (WOBBLE-Hypothese).

Tabelle 3. Genetischer Code

Aminosäuren	damit koordinierte Triaden aus Nucleotiden
1. Alanin	GCA, GCC, GCG, GCU
2. Arginin	AGA, AGG, CGA, CGC, CGG, CGU
3. Asparaginsäure	GAC, GAU
4. Asparagin	AAC, AAU
5. Cystein	UGC, UGU
6. Glutaminsäure	GAA, GAG
7. Glutamin	CAA, CAG
8. Glycin	GGA, GGC, GGG, GGU
9. Histidin	CAC, CAU
10. Isoleucin	AUA, AUC, AUU
11. Leucin	CUA, CUC, CUG, CUU, UUA, UUG
12. Lysin	AAA, AAG
13. Methionin	AUG
14. Phenylalanin	UUC, UUU
15. Prolin	CCA, CCC, CCG, CCU
16. Serin	AGC, AGU, UCA, UCC, UCG, UCU
17. Threonin	ACA, ACC, ACG, ACU
18. Tryptophan	UGG
19. Tyrosin	UAC, UAU
20. Valin	GUA, GUC, GUG, GUU

Neuere Untersuchungen [9, 17] zeigen, daß eine Reihe von Triaden, die im genetischen Code nicht vorkommen, aber bei einer Zufallsbildung mit gleicher Wahrscheinlichkeit auftreten, zur Übertragung von Informationen über den Abbruch der Reaktion und zum Ausmerzen von Fehlern dienen. Es handelt sich hierbei um die folgenden Aussagen: Für den Start der Proteinsynthese werden das Kodon AUG (in Gegenwart von Mg-Ionen und ATP, für den Abbruch die Kodone UAA, UAG oder UGA verantwortlich gemacht. Der Start kann aber bereits in der RNA bei der Transkription vorprogrammiert sein.

Der genetische Code verknüpft die Aminosäuren eindeutig mit den Triaden aus Nucleotiden. [15] Eine umgekehrte Zuordnung, etwa die Bildung von Nucleinsäuren unter Steuerung der Aminosäuren, ist nicht möglich, aber auch nicht notwendig. Der genetische Code ist in Tabelle 3 angegeben.

Bisher galten für die Proteinsynthese folgende Regeln:

1. Die Umsetzung der Information erfolgt nur in der Richtung DNA → RNA → Protein.
2. Jedem Abschnitt des DNS-Moleküls, das heißt einem Gen, entspricht ein ganz bestimmtes Enzym. [17]

BARELLI, AIR und HUTCHINSON [4] sowie JUNG [54] zeigten, daß durch die Transkriptionsinvertase die Umwandlung RNA → DNA erfolgt, also in bezug auf die Reihenfolge (Regel 1) Abweichungen möglich sind. Weiterhin ergab sich, daß Überlappungen vorkommen, d. h., einem bestimmten Abschnitt des DNA-Moleküls sind bei Zulassung von verschiedenen Startstellen mehrere unterschiedliche Enzyme zugeordnet.

Die Bildung der DNS und der Proteine zeigt, daß die wichtigsten polymeren Bausteine des Lebens durch Selbstreproduktion und Selbstregulierung entstehen. Die DNA und die Proteine bilden eine Ganzheit, d. h., eine in allen Lebewesen gleichartig verwirklichte materielle Basis der Lebensvorgänge. Die Möglichkeit aber der räumlichen Variabilität durch Änderung der Sequenzfolge liefert eine unübersehbare Vielfalt von chemisch unterschiedlichen makromolekularen Systemen.

4. Struktur und Strukturbildung biomolekularer Systeme

4.1. Allgemeine Grundsätze der Strukturbildung von Biomolekülen

Die Struktur der Moleküle und Molekülverbände wird durch die Gesetze der Thermodynamik festgelegt. Das gilt uneingeschränkt auch für biologische Systeme. Maßgebend ist jeweils das thermodynamische Gleichgewicht, das durch die Extremwerte der freien Energie $F = U - TS$ bzw. der freien Enthalpie $G = H - TS$ (siehe Kapitel 5.) festgelegt wird. In vielen Fällen stellt sich die für jede Temperatur geltende Gleichgewichtsstruktur sehr langsam oder in endlicher Zeit überhaupt nicht ein. Makromolekulare Systeme sind dann in einem Zustand des thermodynamischen Ungleichgewichtes eingefroren. Das gilt für anisotrope molekulare Anordnungen, z. B. Vorzugsrichtung der Moleküle, und führt zu größerer Festigkeit in Richtung der Molekülachsen. Festigkeitserhöhend wirkt weiterhin eine Helixbildung und eine Verwindung mehrerer Helices (Doppelhelix). [80] Ebenfalls hat ein größerer kristalliner Anteil eine Steigerung der Festigkeit zur Folge. Diese allgemeinen Grundsätze werden bei der Strukturbildung in den Zellen, in den Membranen, in den Organen usw. verwirklicht.

Schließlich kann eine bestimmte Struktur zur Fixierung einer Information dienen. Davon macht man auch in der Technik Gebrauch. So ist eine bestimmte

Lage eines Speicherelementes in der Matrix eines technischen Speichers mit einer bestimmten Information verknüpft.

Man unterscheidet:

1. die Struktur des Einzelmoleküls, also die relative Lage (Abstände und Valenzwinkel) atomarer Anordnungen,
2. die wechselseitige Zuordnung benachbarter Makromoleküle, z. B. die Bildung von Doppelhelices (Sekundärstruktur),
3. die Bildung von Molekülknäueln oder Kristalliten (Tertiärstruktur)
4. die Zuordnung mehrerer Bereiche oder Kristallite zu übergeordneten Einheiten (Quartärstruktur).

Auf dem Gebiete der synthetischen, technischen Polymere hat man eine ganz analoge Strukturaufgliederung:

1. die Struktur des Einzelmoleküls, z. B. in einer Lösung,
2. Verknüpfung von Einzelmolekülen zu bestimmten submikroskopischen Bereichen,
3. Bildung von Kristallen und partiell kristallinen Bereichen,
4. das Auftreten von Überstrukturen, z. B. Sphärolithen.

Für Biomoleküle gilt: Die sich ausbildende Struktur ist mit der biologischen Aufgabenstellung korreliert. So wird z. B. zur Bildung des Stützapparates und der Zellbegrenzung die durch Kristallbildung eintretende Erhöhung der Festigkeit mit ausgenutzt. Fasern bestehen aus orientierten, kettenförmigen Makromolekülen, elastische Elemente und Muskeln verfügen analog den kautschukartigen Polymeren über eine Vielzahl möglicher molekularer Konformationen. Wegen der Möglichkeit der Verzahnung neigen syndiotaktische Strukturen stärker zur Kristallisation. Das nutzt die Natur bei der Bildung der Zellulose aus, wobei gefaltete Ketten entstehen. Diese entsprechen schematisch dem folgenden Formelbild (Abb. 11).

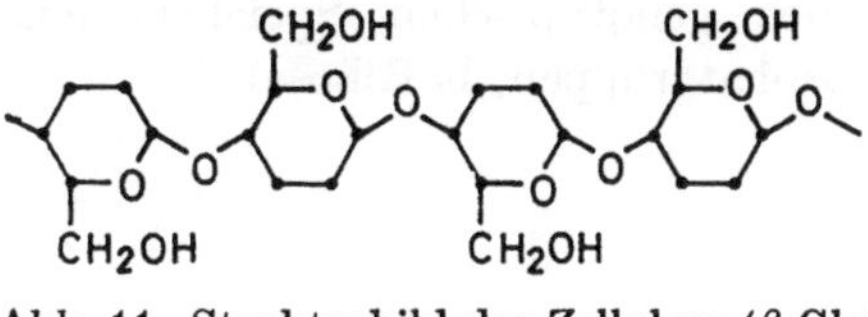

Abb. 11. Strukturbild der Zellulose (β-Glukose-Bindung)

Die Matrizenpolymerisation legt die Primärstruktur, d. h. die Sequenzfolge der kompliziert gebauten polymeren Biomoleküle, fest. Es muß eine Korrelation zwischen Funktionalität und Struktur bestehen. Angestrebt wird eine maximale Speicherkapazität und eine entsprechend optimale Anordnung der molekularen Bauelemente. Eine solche Strukturierung ist nicht immer durch geordnete, einfache und übersichtliche geometrische Formen zu gewährleisten.

1. Das die genetische Information tragende DNA-Molekül muß so strukturiert sein, daß es die für das Individuum maßgebenden Erbinformationen und die für die Proteinsynthese notwendigen verschiedenen Triaden enthält. Bei den Eiweißmolekülen kommt der Charakter als Katalysator (Enzym) für spezielle komplexe chemische Reaktionen hinzu.
2. Die Moleküle sind zusätzlich durch Wasserstoffbrückenbindungen, Donator-Akzeptor-Komplexe und in manchen Fällen auch durch Schwefelvernetzungen und Ausnutzung einer Vielzahl von gleichzeitig wirkenden intermolekularen Bindungskräften zu stabilisieren, damit nicht durch thermische Vibrationen Molekülzerreißungen auftreten.
3. Die intermolekularen Wechselwirkungen, die zur Ausbildung elektrischer Potentiale und zur Anregung von molekularen Bewegungsvorgängen dienen, greifen sehr wesentlich in die Funktionalität ein und sind die Ursache zur Ausbildung übergeordneter Strukturen.
4. Durch die Matrizenpolymerisation überträgt das als Matrize dienende Makromolekül Größe und Sequenzfolge an das neu entstehende Molekül und wegen der energetischen Kopplung der Moleküle untereinander auch die Bildung der übergeordneten Strukturen an die größeren Einheiten.
5. Die Wachtumsgeschwindigkeit ist so programmiert, daß die dabei freiwerdende thermische Energie weitgehend an die Umgebung abgegeben wird. Der Vorgang verläuft isotherm und nicht adiabatisch. Es wird darüber hinaus in einzelnen Fällen die bei der Strukturbildung freiwerdende Energie zur Anregung anderer endothermer Prozesse verwendet.

4.2. Primärstruktur der Nucleinsäuren

Die Primärstruktur der Nucleinsäuren wird durch die Sequenzfolge der Basen längs der Kettenmoleküle festgelegt. In jedem Individuum besteht wegen des unterschiedlichen Informationsinhaltes des genotypischen Speichers eine andere Reihenfolge der Nucleotide (P Phosphatgruppen, R Ribose)

```
P—R—P—R—P—R—.
  |   |   |
  A   G   G
```

Der Aufbau ist asymmetrisch. Von Base zu Base besteht eine spiralische Verwindung. DNA-Moleküle bilden keine ebenen Anordnungen. Die Asymmetrie verursacht eine Drehung des polarisierten Lichtes. Charakteristisch ist weiterhin der gleichartige Windungssinn der Helices in allen Organismen. Die Primärstruktur ist darüber hinaus durch den spezifischen Gehalt an Adenin, Thymin, Guanin und Cytosin festgelegt. Da sich bei der Matrizenpolymerisation

A und T, G und C wechselseitig ergänzen, sind die Gehalte an diesen Basen wechselseitig gleich.

Neben der Übereinstimmung des Molanteiles an Guanin mit Cytosin und des Molanteils an Adenin mit Thymin findet man auch für das Verhältnis aus Guanin zu Adenin experimentell einen Wert von 0,47. Daraus folgt die Beziehung:

$$\frac{\mathrm{G}}{\mathrm{A}} = \frac{\mathrm{C}}{\mathrm{T}} \approx 0{,}47.$$

Es gilt aber auch

$$\frac{2\mathrm{G}}{2\mathrm{A}} = \frac{\mathrm{G} + \mathrm{C}}{\mathrm{A} + \mathrm{T}} \approx 0{,}47.$$

(Durch die Buchstaben werden hier Molverhältnisse bezeichnet.) [121] Die Sequenzfolge der Basen über bestimmte Teile der sehr langen DNA ist so festgelegt, daß unter Zugrundelegung des genetischen Codes auch alle zur Bildung sehr vieler Proteine notwendigen Informationen darin verankert sind. Dabei ist die Primärstruktur der DNA individuumspezifisch. Sie ist Träger der genetischen Informationen und Vermittler aller für die Funktionalität notwendigen chemischen Informationen. Die Möglichkeiten zur Erfüllung dieser Forderungen werden in den Kapiteln 6. bis 8. besprochen. Jedes Individuum hat seine spezifische, von allen anderen Lebewesen, die jeweils auf der Erde gelebt haben und leben werden, unterschiedliche Primärstruktur der DNA. Diese charakteristische Primärstruktur wird bei der Replikation vervielfacht und auf alle sich in den Zellen neu bildenden DNA-Moleküle übertragen.

4.3. Primärstruktur der Proteine [73, 98]

Die Zuordnung Nucleinsäure—Protein durch den genetischen Code liefert für die Primärstruktur der Ketten bildenden Eiweißmoleküle analoge Gesetzmäßigkeiten wie die der Nucleinsäuren. Die Zahl der Aminosäuren im polymeren Eiweißmolekül beträgt jedoch nur ein Drittel der Zahl der Nucleotide in der zugeordneten DNA.

So beginnt beispielsweise die Primärstruktur für die Sequenzfolge in der Kette für das Insulin mit den Aminosäuren

Glu—Ileu—Val—Glu—Glu—Cys—Ala—Ser—Val—Cys usw.
(an Glu: NH_2; Cys—S——S—Cys)

Dabei sind bei gleicher Funktionalität die Sequenzfolgen in den Proteinen für die einzelnen Tier- und Pflanzenarten unterschiedlich. Das bezieht sich vorwiegend auf die Endgruppen. Man findet verschiedene Strukturen, z. B. für das Hämoglobin bei verschiedenen Tierarten. Versuche bestätigten das auch für die Immunoglobine. [56, 80] Einheitlicher jedoch sind die mittleren Abschnitte der Proteinketten, in denen sich die katalytisch aktiven Gruppen befinden. Dazu kommen unterschiedliche hydrophile und hydrophobe Kettenabschnitte. Die letzteren sind von großer Bedeutung für die noch zu besprechende Sekundärstruktur der Proteine. [73, 112].

Die Ermittlung der Primärstruktur der Proteine erfolgte durch selektive Abtrennung der Endgruppen mit bekannten Fermenten, durch Chromatographie und durch Röntgenstrukturanalyse. Man hofft, auf ähnliche Weise umgekehrt die wichtige Synthese einzelner Proteine, z. B. die des Insulins, im technischen Maßstab durchzuführen. Wegen des chemisch unterschiedlichen Verhaltens der Aminosäuren und der Möglichkeit des sukzessiven Auf- und Abbaus der Peptidketten ist die Primärstruktur vieler Proteine, z. B. des Hämoglobins, bekannt. Rückschlüsse über den genetischen Code geben Hinweise über zugeordnete Nucleinsäuren.

4.4. Sekundärstruktur der Nucleinsäuren [2, 20, 112]

Als Sekundärstruktur bezeichnet man die wechselseitige Zuordnung benachbarter DNA- bzw. RNA-Moleküle und deren Umschlingung zu einer Doppelhelix. Die Sekundärstruktur ergibt sich auf Grund der Wirksamkeit von Nebenvalenzbindungskräften, insbesondere der Wasserstoffbrücken. Diese bilden sich zwischen den Sauerstoff- und Stickstoffatomen der miteinander koordinierenden Pyrimidin- und Purinbasen. Die energetisch günstigste Struktur ist die zuerst von Crick [14] und Watson [115, 116] postulierte und beobachtete Doppelhelix der DNA (Abb. 12). Eine Helixwindung umfaßt je nach der sich ausbildenden Kristallform (monoklin oder orthorhombisch) 9,3 bis 11 Basenpaare. Sie ist ca. 3,46 nm lang und hat einen Durchmesser von etwa 2 nm. Die Flächen der Purin- und Pyrimidinbasen stehen auf der Helixachse nahezu senkrecht und sind nach innen zu gerichtet. Da sich jeweils Purin- und Pyrimidinbasen wechselseitig ergänzen (immer ein Doppelring und ein einfacher Ring), resultiert ein konstanter Abstand zwischen den Strängen. Beim Erwärmen auf etwa 75 °C kommt es zu einer von den Enden aus fortschreitenden Trennung, d. h., zu einer Denaturierung der DNA, und einem Zerfall in Einzelstränge. Aus den Dipolbindungskräften, den Wasserstoffbindungen und den Dispersionskräften konnte die Energie der gegenüberliegenden Basenpaare zu etwa 6 bis 8 kJ/mol berechnet werden. [112] Die Bindung zwischen Guanin und Cytosin erweist sich als fester gegenüber derjenigen zwischen Adenin und Thymin.

Man vermutet weiterhin, daß das Uracil in der RNA gegenüber dem Adenin ebenfalls eine vergleichsweise große Bindungsenergie aufweist. Es werden auch Hybridbildungen aus DNA- und RNA-Doppelsträngen und Faltungen beobachtet. Desgleichen kommen Unterbrechungen der wechselseitigen GC und AT-Zuordnungen durch unpassende Basenpaare vor. Das sind Fehlstellen der informativen Kopplung. [20]

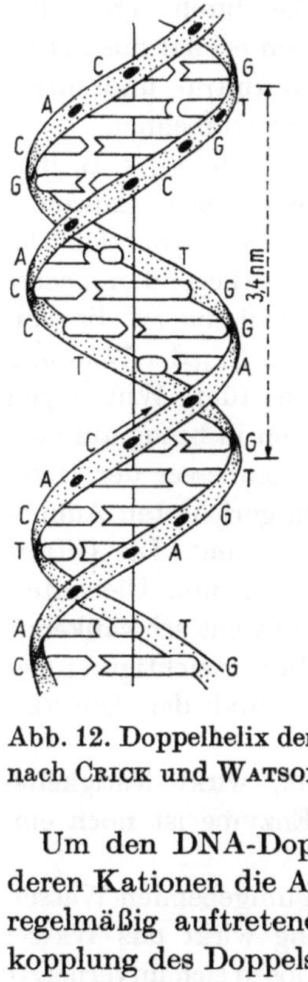

Abb. 12. Doppelhelix der DNA nach CRICK und WATSON

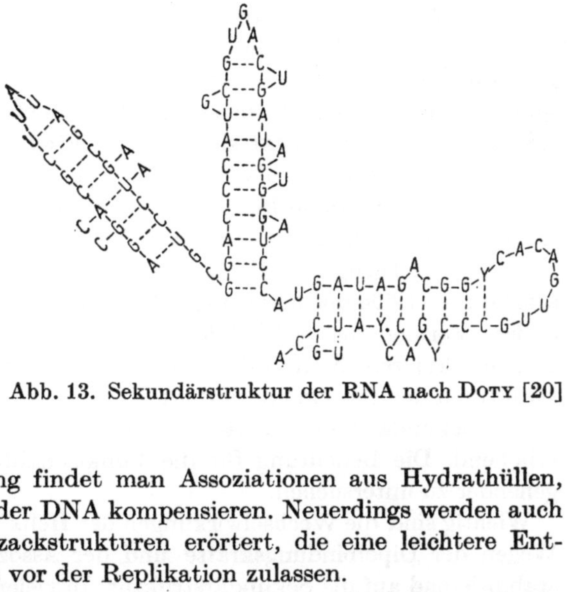

Abb. 13. Sekundärstruktur der RNA nach DOTY [20]

Um den DNA-Doppelstrang findet man Assoziationen aus Hydrathüllen, deren Kationen die Anionen der DNA kompensieren. Neuerdings werden auch regelmäßig auftretende Zickzackstrukturen erörtert, die eine leichtere Entkopplung des Doppelstranges vor der Replikation zulassen.

Die besprochene Bildung der Doppelhelix zeichnet sich durch optimale Stabilität aus.

Die RNA zeigt im Gegensatz zur DNA keine Helixstruktur, aber durch Wasserstoffbrücken gewährleistete Zuordnungen der Basenpaare C und G sowie A und U. Man erhält haarnadelähnliche Anordnungen, die ihrerseits kleeblatt- oder seesternartige Strukturen bilden (Abb. 13). Abschließend ist darauf hinzuweisen, daß außer den bekannten Basen A, C, G, T und U auch die seltenen Basen 5-Methylcytosin [121] und 5-Methyloxycytosin in den Nucleinsäuren vorkommen und dann Abweichungen der Sekundärstruktur verursachen.

4.5. Sekundärstruktur der Proteine [98]

Die Polypeptidketten mit maximal 20 verschiedenen, sich wiederholenden Aminosäureresten weisen ebenfalls von Grundbaustein zu Grundbaustein gleichartige Drehwinkel in bezug auf die Molekülachse auf. Das ist eine Folge der Asymmetrie der monomeren Bausteine. Unter Mitwirkung von Wasserstoffbrücken und EDA-Komplexen entstehen Helices, die durch vergleichsweise große Stabilität gekennzeichnet sind. Bei den Eiweißen erfolgt zusätzlich eine wechselseitige Verknüpfung, oft über Sulfidgruppen (intra- und intermolekular). Die letzteren sind den Hauptvalenzbindungen zuzurechnen.

Bei den Faserproteinen treten (wie in synthetischen Polymeren, z. B. den Polyamiden), rechtsgängige Schraubenanordnungen auf, denen zuweilen linksgängige Superhelices überlagert sind. Man nennt das Doppelwendel. Die in der Wolle, in den Haaren und in den Epithelzellen vorliegenden Faserproteine weisen eine strenge Periodizität auf. Für die Proteine ist die von Pauling und Corey [77] untersuchte Helix charakteristisch. In jeder Windung sind im Mittel 3,6 Aminosäurereste eingebaut. Nach fünf Windungen (18 Aminosäurereste) deckt sich die Projektion der letzteren in bezug auf eine Ebene senkrecht zur Helixachse (Faserperiode). Der Durchmesser der Helix wurde zu 1,01 nm ohne Berücksichtigung der nach außen gerichteten Aminosäurereste und die Höhe jeder Windung zu 0,56 nm bestimmt. Die Gitterkonstante in bezug auf die Helixachse beträgt demnach 2,8 nm. Die unterschiedliche Größe der herausragenden Seitengruppen verursacht schwankende äußere Formen der sich bildenden Helices, was bei Berücksichtigung der intermolekularen Kraftfelder die Bildung der Tertiär- und der Quartärstrukturen der Proteine beeinflußt.

Die Sekundärstruktur, also die Bildung der α-Helix, wirkt festigkeitserhöhend. Die Bedeutung für die Funktionalität der Enzyme ist noch eingehender zu untersuchen.

Wichtig sind die Wechselwirkungen der Helix mit dem umgebenden Wasser. Wegen der Dipolbindungskräfte und der Assoziatbildung wirkt das Wasser stabilisierend auf die Sekundärstruktur. In vielen Fällen lösen sich unvernetzte Proteine im Wasser. Beim Erhitzen kommt es zu einer Zerstörung der Helix unter eventueller Bildung unregelmäßiger Knäuel (Denaturierung durch Helix-Coil-Umwandlung). Dabei geht auch die Funktionalität verloren. Abschließend ist darauf hinzuweisen, daß die Helix der Proteinkette einsträngig ist.

4.6. Tertiär- und Quartärstruktur der Proteine [2, 79]

Die nach außen gerichteten Aminosäurereste und die damit verknüpften starken Dipolfelder führen zwangsläufig zu bestimmten sterischen wechselseitigen Umschlingungen der Proteinhelices (Abb. 14). Es zeigt sich, daß bei der Ausbildung dieser Tertiärstruktur die für die Funktionalität der Enzyme wirksamen aktiven Gruppen meist in zentrale Regionen der tonnen- bzw. kugelförmigen Makromoleküle gelangen. Dabei hat die Tertiärstruktur für die Funktionalität der Enzyme große Bedeutung.

Wenn auch der Vergleich mit Molekularsieben, etwa den Zeolithen, das chemische Geschehen in den Proteinen nur unvollkommen wiedergibt, so verdeutlicht dieses Modell doch die Wirkung der Tertiärstruktur auf die Aktivität und Kinetik des Geschehens.

Abb. 14. Tertiärstruktur des Myoglobins [20] (schematisiert) mit eingezeichneter Molekülkette

Man versteht allgemein unter der Tertiärstruktur der Proteine die räumliche Lokalisation aller Atome untereinander. Besteht jedoch der Aufbau eines Proteins aus mehreren Untereinheiten, so bezieht man den Begriff Tertiärstruktur auf die Lage aller Atome innerhalb einer Untereinheit. Die wechselseitige Zuordnung der Untereinheiten nennt man Quartärstruktur. Strukturbildend ist jedoch bereits das atomare Kraftfeld, das von den einzelnen Aminosäuren ausgeht. So bildet die wechselseitige Zuordnung der Polypeptidgruppen das Proteingerüst. Dabei liegen die Atome der Peptidbindung in einer Ebene. Es besteht eine behinderte Drehung um die CN-Bindungen. Schließlich entsteht eine charakteristische und sich regelmäßig wiederholende Umschlingung der Helix. Bei den globulären Proteinen mit einem Molekulargewicht von etwa 10000 bis 100000 findet man keine größeren Einheiten. Das gilt z. B. für das den Sauerstofftransport in den Muskeln bewirkende Myoglobin. Beim Hämoglobin jedoch beobachtet man vier Untereinheiten, die sich in geordneter Form tetraedrisch anordnen und damit eine Quartärstruktur bilden.

Die Quartärstruktur erscheint komplex und unübersichtlich. Trotzdem ist diese, ebenso wie die Tertiärstruktur, für die Funktionalität der Proteine von entscheidender Bedeutung. In Abbildung 15 ist die bekannte und in sehr vielen Lehrbüchern zu findende Struktur des Cytochroms wiedergegeben. Es gehört zu den Spitzenleistungen der modernen Strukturchemie, derartig komplizierte Molekülbildungen eindeutig auszumessen und die räumliche Lage aller Atome festzulegen. Dabei hat die Methode der Röntgenkleinwinkelstreuung erhebliche Resultate erbracht. Mit ihr konnte man z. B. die etwa kubusförmige Grundeinheit des Myoglobins zu $4{,}6 \cdot 4{,}4 \cdot 2{,}5\ \mathrm{nm}^3$ ermitteln. [73] So besteht dieses

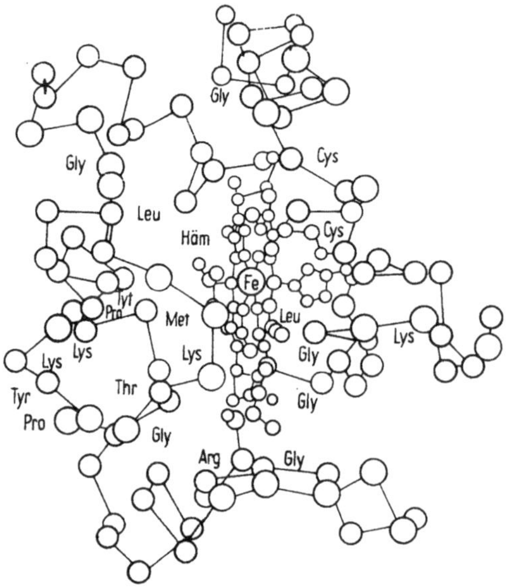

Abb. 15. Struktur des Cytochroms [2]

Protein aus 153 Aminosäuren. Mit Hilfe der Elektronenmikroskopie, insbesondere dem Rasterelektronenmikroskop, und der Neutronenstreuung wird z. Z. die Quartärstruktur vieler Proteine untersucht. Man findet Globulen bis zu 100 nm Durchmesser.

Die besprochenen räumlichen Strukturen der Proteine bilden die unterste Stufe im hierarchischen Aufbau der Struktureinheiten des Lebens. Die Aufklärung der Struktur und Funktionalität der Membranen, Zellkerne, Chromosomen, Zellen, Gewebe, Organe, Individuen, Arten usw. ist nicht die Aufgabe dieses Buches. Es werden deshalb keine biologischen Kenntnisse, die über den Molekülbegriff hinausgehen, vermittelt. Der Autor ist sich bewußt, daß im biologischen Geschehen zahlreiche harmonisch gegliederte und aufeinander abgestimmte Organisationsebenen liegen, deren erschöpfende Beschreibung und Erklärung Gegenstand zahlreicher Lehrbücher der Biologie ist.

Ganze Wissenschaftszweige finden hier seit Jahrhunderten ihr reiches Betätigungsfeld. Damit beschreibt die in diesem Buch mit enthaltene Molekularbiologie nur ein kleines Teilgebiet des Lebens als Ganzes. Wer also tiefer in das Gesamtgebiet eindringen will, findet in folgenden Lehrbüchern und lexigraphischen Darstellungen weitgehende Hinweise: [2, 3, 35, 56, 78, 87, 95, 112a].

5. Energie und Entropie in biomolekularen Systemen

5.1. Grundlagen der Thermodynamik

Die Gesetze der Wärmelehre gelten für das biologische Geschehen uneingeschränkt. Es gab, gibt und wird nie einen Verstoß gegen die auf dem Kausalgesetz beruhenden Naturgesetze geben. Die Thermodynamik gilt für alle aus einer Vielzahl von Molekülen, Atomen, Elektronen, Strahlungsquanten usw. gebildeten Systeme. In der Physik untersucht man manchmal einzelne Atome, einzelne Elektronen unabhängig von ihrer Umgebung, meist aber die Wechselwirkung von mehreren Körpern aufeinander. So betrachtet man z. B. eine Flüssigkeit, das diese enthaltende Gefäß, den über der Flüssigkeit befindlichen Dampf, die umgebende Luft, die Unterlage für das Gefäß usw. Alle diese Körper zusammen bilden ein thermodynamisches System, wobei Wechselwirkungen auftreten. So kühlt sich eine zuerst heiße Flüssigkeit auf die Umgebungstemperatur ab, wobei Wärme an andere Teile des Systems abgegeben wird. Vernachlässigt man die Umgebung, so wird von einem offenen System gesprochen. Alle Lebewesen stehen mit ihrer Umwelt in thermischem Kontakt. Sie bilden damit — für sich betrachtet — offene, mit der Umwelt zusammen jedoch geschlossene Systeme. In den Lebewesen vollziehen sich ununterbrochen chemische Prozesse isotherm und isobar. Gegenüber dem Geschehen in der Technik, wo wir es in der Hand haben, Temperatur und Druck beliebig zu wählen, existieren in der belebten Natur Millionen von chemischen Prozessen, gesteuert durch sehr viele Katalysatoren, d. h. Enzyme, unter erschwerenden Bedingungen.

Um die Thermodynamik makromolekularer Systeme zu verstehen, müssen wir eine kurze Darstellung der bekannten Gesetze der Wärmelehre voranstellen. Es sind das die Zustandsfunktionen und die Hauptsätze.

Was ist ein Zustand? Alle Körper, die zu einem System gehören, haben eine bestimmte Temperatur, einen bestimmten Druck, eine bestimmte Masse, Dichte, ein bestimmtes Volumen usw. Diese Größen nennt man Zustandsgrößen. Die thermodynamischen Größen sind teils intensiv (nicht massenproportional) teils extensiv (massenproportional).

Zur Beschreibung eines Körpers gehören weitere Größen, z. B. sein Wärmeinhalt. Davon kann ein Teil zur Verrichtung nützlicher Arbeit verwendet werden. Es kommt dabei auf die Art der technischen Durchführung an. Die Wärme ist deshalb keine ein System charakterisierende Zustandsgröße.

Zwischen den Zustandsgrößen bestehen funktionale Zusammenhänge der Form $\Phi(p, T, V) = 0$. Dabei sind p der Druck, T die Temperatur und V das Volumen. Ähnliche Zustandsgleichungen bestehen auch zwischen innerer Energie U, Temperatur und Volumen, bzw. zwischen Enthalpie H, Druck und Temperatur. Diese Gleichungen sind leicht für ideale Gase in der Form $pV = RT$ bzw. als VAN DER WAALSsche Gleichung $(p + a/V^2)(V - b) = RT$ abzuleiten. Hierbei sind a und b die Konstanten des VAN DER WAALSschen Gesetzes und R die Gaskonstante.

Für biologische Systeme sind solche Gleichungen unbekannt. Lebewesen sind im allgemeinen mehrphasig und bestehen aus niedermolekularen wäßrigen Anteilen, in denen nieder- und makromolekulare Anteile gelöst sind, aus organischen Flüssigkeiten und meist polymeren festen Bestandteilen. Zuweilen treten Gaseinschlüsse auf.

5.2. Erster Hauptsatz der Thermodynamik

Von größter Wichtigkeit ist der durch Anwendung des Energiesatzes der Mechanik auf thermodynamische Systeme abzuleitende erste Hauptsatz der Wärmelehre. Dieser lautet:

$$\Delta U = \Delta Q + \Delta A\,. \tag{5.1}$$

Dabei werden die Arbeit ΔA und die Wärme ΔQ dem betrachteten System zugeführt und dessen innere Energie dabei um ΔU verändert. Im ersten Hauptsatz der Wärmelehre werden auch Energieumsetzungen bei chemischen Prozessen eingeschlossen (positiv bei endothermen Reaktionen, d. h., bei Prozessen, die unter Energieaufnahme erfolgen, und negativ bei exothermen Prozessen, also Vorgängen unter Energieabnahme).

In biologischen Systemen geschieht das durch die Aufnahme von Quantenstrahlung bei der Fotosynthese sowie durch Zufuhr (Abgabe) chemischer Energie bei Transportvorgängen, bei der Entropieproduktion, bei der Leistung äußerer Arbeit und bei einer Vielzahl von exothermen und endothermen Prozessen, die von den Lebewesen selbst gesteuert werden. Besonders hinzuweisen ist auf die Oxydation von zweiwertigem zu dreiwertigem Eisen, auf die Oxydation von Schwefelwasserstoff, auf die Gärungsprozesse, auf den Abbau organischer Substanzen. Zu jedem chemischen Vorgang im Organismus gehört ein bestimmtes Energieäquivalent. In der folgenden Tabelle sind einige Beispiele zum ersten Hauptsatz genannt, wobei die Enthalpieänderungen in kJ/mol angegeben werden (4,1868 kJ = 1 kcal). Manchmal findet man auch das Elektronenvolt als Energiemaß (1 eV = $1{,}6 \cdot 10^{-19}$ J).

Tabelle 4. Energiequellen für biologische Prozesse je Mol

1. Fotosynthese

Zugeführte Quantenstrahlung	Energieumsetzung	
λ = 680 nm (rotes Licht)	179 kJ	42,8 kcal
λ = 400 nm (violettes Licht)	304 kJ	73 kcal
Zur Reduktion von H_2O werden benötigt (Wasser)	286 kJ	68,5 kcal
(Wasserdampf)	242 kJ	57,9 kcal
zur Reduktion von CO_2 (theoretisch)	474 kJ	114,5 kcal
In Wirklichkeit werden jedoch zur Reduktion von CO_2 durch wiederholte Aufnahme von Lichtquanten umgesetzt. Das entspricht einem Wirkungsgrad von 31%.	1540 kJ	369 kcal
2. Oxydation von H_2S zu SO_2 und H_2O	276 kJ	65,6 kcal
3. Oxydation von Fe^{II} zu Fe^{III}	292 kJ	70,0 kcal
4. Oxydation von $C_6H_{12}O_6$ zu $6\,CO_2 + 6\,H_2O$ (davon werden 40% zur Bildung von ATP aus ADP verbraucht, 60% sind Verluste)	2863 kJ	886,0 kcal
5. Alkoholische Gärung $C_6H_{12}O_6 \rightarrow 2\,C_2H_5OH + 2\,CO_2$	234 kJ	56,0 kcal
6. Milchsäuregärung $C_6H_{12}O_6 \rightarrow 2\,CH_3CHOHCOOH$	196 kJ	47,0 kcal
7. Umsetzung von Adenosintriphosphat in Adenosindiphosphat (ATP $\rightleftarrows$ ADP)	29,2 kJ	7,0 kcal

Die Energiequelle in den Pflanzen ist die Absorption und Verwertung der Quantenstrahlung der Sonne, in den Tieren der oxydative Abbau von Kohlehydraten, Fetten und Eiweißen. Darüber hinaus werden zahlreiche andere energieliefernde chemische Umsetzungen von den Lebewesen ausgenutzt.

Die Energieumsetzung in den Organismen erfolgt in mehreren Schritten:

1. Energiegewinnung durch oxydative Reaktionen,
2. Übernahme der Energie durch Umwandlung von Adenosindiphosphat in das Triphosphat,
3. Transport der Energie an den Ort des Bedarfes (Zufluß von ATP),
4. Umsetzung des ATP in ADP zur Ermöglichung eines gleichzeitig stattfindenden endothermen Prozesses.

Alle Umsetzungen geschehen unter Mithilfe von Enzymen, wobei das ATP die Funktion eines speichernden Energieträgers besitzt. ADP und ATP stellen Verbindungen des Adenins mit Ribose und zwei oder drei Phosphorsäureresten dar. Das sind niedermolekulare Verbindungen folgender Form:

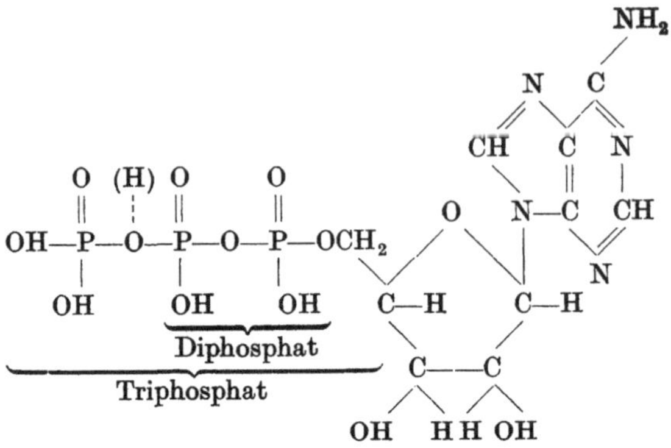

Strukturformel des Adenosintriphosphates.

Bei der Triphosphatbildung (der Phosphorylierung) verbindet sich der Wasserstoff der Phosphorsäure mit der OH-Gruppe unter Wasserabgabe und Bildung einer Sauerstoffbrücke.

Die in Anwendung des ersten Hauptsatzes der Thermodynamik in Organismen ablaufenden Prozesse sind Kettenreaktionen, wobei exotherme und endotherme Reaktionen kombiniert sind. Dabei wird der exotherme Prozeß laufend das entstehende endotherme Produkt verbrauchen, so daß auf Grund des Massenwirkungsgesetzes die energieaufwendige endotherme Umwandlung zusätzlich gefördert wird.

Es ist notwendig, Assimilation und Dissimilation als Beispiele zum ersten Hauptsatz noch etwas zu erläutern. [2, 56]

Der für den Energiehaushalt aller Lebewesen entscheidende Vorgang ist die Bildung organischer Substanzen, insbesondere von Stärke, Zucker und Zellulose in der grünen Pflanze. Es ist das eine autotrophe Assimilation, also eine Selbstsynthese von organischer Substanz aus anorganischen Grundstoffen. Dabei handelt es sich um einen typisch quantenchemischen Prozeß und den beweiskräftigsten experimentellen Nachweis für die Quantenphysik überhaupt. Gewöhnlich beschränkt man sich im Physikunterricht auf Fotoeffekt, COMPTON-Effekt, Strahlungsgesetze und Spektreninterpretation, um die Grundlagen der Quantenphysik nachzuweisen.

Die Fotosynthese in der grünen Pflanze zeigt jedoch: Nur durch die Absorption einzelner Lichtquanten mit Energiebeträgen von ca. 179 kJ am Ort eines Moleküls treten in molekularen Bereichen so hohe Energiekonzentrationen auf, daß Elektronenumlagerungen möglich sind, die schließlich eine Reduktion des Kohlendioxides ermöglichen. Zur Reduktion von CO_2 wird ein Elektronen-donator gebraucht. Das ist in der grünen Pflanze Wasser nach einer entsprechenden Oxydation. Zunächst werden die Lichtquanten unter Bildung angeregter Zustände im aktiven Zentrum des Chlorophylls absorbiert. Als Reduktionsmittel dient Nikotinsäureamid-Adenin-Dinukleotid-Phosphat + H^+ (NADPH). Dabei steht zusätzlich Energie zur Bildung von ATP aus ADP zur Verfügung. Es gilt folgende Gleichung:

$$2\,H_2O + 2\,NADP^+ + n(ADP + P) + mh\nu \rightarrow O_2 + 2\,NADPH + 2\,H^+ + n\,ATP.$$

Für das Wasser ergibt sich daraus folgende Summengleichung:

$$H_2O \rightarrow \frac{1}{2}\,O_2 + 2\,H^+ + 2\,e^-.$$

Es handelt sich dabei um eine oxydative Spaltung von Wasser unter Elektronenabgabe, also um die Bildung von NADPH + H^+.

Die Oxydation von mehreren Molekülen NADPH ermöglicht schließlich in einem zweiten folgenden Prozeß (Dunkelreaktion) die Reduktion von CO_2. Die Summengleichung für diesen Prozeß lautet:

$$6\,CO_2 + 12\,H_2 \rightarrow C_6H_{12}O_6 + 6\,H_2O.$$

Das $NADP^+$ gelangt anschließend in den Ausgangsprozeß zurück. Neben der kurz dargestellten Fotosynthese soll als zweites Beispiel zum ersten Hauptsatz die Zellatmung, also die Energiegewinnung in der Zelle, nach dem KREBSschen Zyklus beschrieben werden. Bei dieser Dissimilation handelt es sich um einen durch den Zellkern gesteuerten Prozeß, der nach dem Prinzip der Arbeitsteilung in bestimmten Zellgebieten, den Mitochondrien, vonstatten geht. Dieser der Fotosynthese gleichwertige Grundprozeß alles organischen Lebens erfolgt ebenfalls in mehreren Stufen.

1. Spaltung von Glukose (Zucker) über verschiedene Zwischenstufen in zwei Moleküle Brenztraubensäure. Dabei werden zwei Moleküle ADP in ATP unter Energieaufnahme umgewandelt. Gleichzeitig wird Wasserstoff an NADPH übertragen.
2. Die schon genannte Brenztraubensäure verbindet sich über Zwischenstufen unter Mitwirkung von Enzymen mit dem Endprodukt des zu nennenden Zyklus, nämlich dem Oxalazetat, zu einem Zitronensäuremolekül.
3. In dem nun folgenden eigentlichen KREBSschen Zyklus mit acht verschiedenen sehr kompliziert gebauten Enzymen entstehen Zitronensäure, Aconitsäure, Isozitronensäure, Oxalbernsteinsäure, Ketoglutarsäure, Bernsteinsäure, Fumarsäure, Apfelsäure und Oxalazetat.

In den genannten Stufen wird das Glukosemolekül unter Bildung von im ganzen 38 Molekülen energiereichen ATP zu Wasser und Kohlendioxyd abgebaut. Das Oxalazetat leitet einen neuen Zyklus ein. Dabei werden 1110 kJ statt der möglichen 3700 kJ gewonnen.

Diese kurz gefaßte Darstellung der Assimilation und Dissimilation soll zeigen, daß man die Grundlagen der phänomenologischen Thermodynamik auf biologische Prozesse anwenden kann. Sie beansprucht nicht, die in den bekannten Lehrbüchern der Biologie gegebenen ausführlichen Erläuterungen dieser Prozesse zu ersetzen.

5.3. Zweiter Hauptsatz der Thermodynamik, reversible und irreversible Vorgänge

In der unbelebten Natur ist ein sich selbst überlassenes System stets von einer irreversiblen Zunahme der molekularen Unordnung begleitet. Es wird sich von allein stets der wahrscheinlichste Zustand einstellen.

In den Organismen besteht im Gegensatz hierzu ein vorgezeichneter, auf lebensnotwendige Endprodukte hin gerichteter Verlauf der chemischen Reaktionen. Das scheint ein Widerspruch zu sein. Wir haben deshalb in diesem Abschnitt nachzuweisen, daß auch in den Lebewesen laufend die Einstellung des durch die größte Wahrscheinlichkeit gekennzeichneten Zustandes erfolgt. Diese irreversiblen Prozesse bestehen in einem Ausgleich der Temperatur- und Druckunterschiede, des Konzentrationsgefälles und der Dämpfung von mechanischen Bewegungsvorgängen. So führt eine gerichtete Molekularbewegung, z. B. eine Strömung, letzten Endes zu ungeordneten richtungsunabhängigen Molekülschwingungen und Translationen, also zur Erzeugung von Wärme. Auch bei der Diffusion und Mischung ergeben sich Zustände größerer Wahrscheinlichkeit. Über diese thermodynamische Wahrscheinlichkeit haben wir im einzelnen zu sprechen.

Es gibt viele molekulare Anordnungen, um einen bestimmten makroskopischen Zustand (zu dessen Verwirklichung viele Milliarden Moleküle gehören) darzustellen. Bei gegebenen bestimmten Zustandsgrößen können Lage und Schwingungszustand jedes einzelnen Moleküls sehr verschieden sein. Es könnten z. B. alle im linken Teil eines Gefäßes befindlichen Moleküle besonders heftig schwingen, während die im rechten Teil befindlichen in Ruhe sind.

In der Thermodynamik ist die Wahrscheinlichket W gleich der Zahl der Realisierungsmöglichkeiten für einen bestimmten (an sich möglichen) Makrozustand. Durch Vertauschung der einzelnen abzählbaren Moleküle kommt es immer wieder zu neuen Anordnungen. Ändern sich dabei alle miteinander gekoppelten Zustandsgrößen nicht, dann gehören alle diese Anordnungen zum gleichen Makrozustand. Das thermodynamische Gleichgewicht ist der Makrozustand, der die meisten Realisierungsmöglichkeiten besitzt. Ein unwahrscheinlicher Zustand wird auch hin und wieder vorkommen, aber um so seltener sein, je mehr er vom thermodynamischen Gleichgewicht entfernt ist.

Der Ablauf der Vorgänge in der Natur erfolgt in Richtung wachsender Unordnung. Im molekularen Bild bedeutet das eine Angleichung der Zusammensetzung und der thermischen Energie in den einzelnen Raumelementen, also eine Durchmischung und eine Beseitigung von Temperatur- und Druckgegensätzen. Statt einer geordneten Verteilung, etwa in der Form *a—b—a—b—a—b* usw. oder *a—a—a—a—a—b—b—b—b—b*, erhält man ungeordnete Verteilungen, z. B. *a—a—b—a—b—b—b—a—a—b—a—b* usw. Dabei bedeuten *a* Moleküle der einen und *b* der anderen Art oder *a* stärker schwingende und *b* weniger stark schwingende Moleküle. Niemals wird von selber ein Zustand größerer thermodynamischer Wahrscheinlichkeit in einen solchen geringerer Wahrscheinlichkeit übergehen. In der Natur gilt das Gesetz

$$W_{\text{klein}} \rightarrow W_{\text{groß}}.$$

Der Physiker ist mit dieser qualitativen Feststellung nicht zufrieden. Er sucht eine meßbare, dem System zugeordnete Größe, die ein Maß für diese Wahrscheinlichkeit ist und sich bei einer Zustandsänderung verändert, bei reversibler, d. h. umkehrbarer, Rückkehr in den alten Zustand den früheren Wert aber wieder annehmen soll. Bei nicht umkehrbaren, d. h. irreversiblen, Vorgängen wird es auch nicht gelingen, ohne Erweiterung des Systems die alte charakteristische Zustandsgröße wieder zu messen. Ändert sich der Zustand eines Systems, so muß die Kenntnis aller Zustandsgrößen vor der Änderung und nach der Änderung eindeutig zur Charakterisierung ausreichen. Diese Änderung darf nicht von der Art und Weise des Überganges aus dem alten in den neuen Zustand abhängen. Hängt eine Zustandsgröße S von anderen Größen x, y ab, dann wird die Änderung $\mathrm{d}S$ nur dann eine eindeutige Funktion von x und y, wenn

$$\mathrm{d}S = \frac{\partial S}{\partial x}\,\mathrm{d}x + \frac{\partial S}{\partial y}\,\mathrm{d}y \quad \text{und} \quad \frac{\partial^2 S}{\partial x\,\partial y} = \frac{\partial^2 S}{\partial y\,\partial x}.$$

In bezug auf den ersten Hauptsatz der Thermodynamik

$$\mathrm{d}Q = \mathrm{d}U + p\,\mathrm{d}V \qquad \text{mit } p\,\mathrm{d}V = -\mathrm{d}A \text{ nach (5.1)}$$

ist diese Forderung nur erfüllt, wenn wir durch die absolute Temperatur T teilen. Wir setzen $\mathrm{d}U = c_v\,\mathrm{d}T$ und finden

$$\mathrm{d}S = \frac{\mathrm{d}Q}{T} = c_v\,\frac{\mathrm{d}T}{T} + \frac{p\,\mathrm{d}V}{T}. \tag{5.2}$$

Hierbei sind Q Wärme, U innere Energie, p Druck, V Volumen und c_v spezifische Wärme bei konstantem Volumen. Man findet mit $p = RT/V$ (Zustandsgleichung für das ideale Gas)

$$\Delta S = c_v \ln \frac{T_2}{T_1} + R \ln \frac{V_2}{V_1}, \tag{5.3}$$

$\mathrm{d}S = \frac{\mathrm{d}Q}{T}$ stellt ein totales Differential dar; die Änderung ΔS wird unabhängig vom Weg. S ist also eine Zustandsgröße, die zur Beschreibung eines augenblicklichen Zustandes des betrachteten Systems zusammen mit anderen Zustandsgrößen sehr geeignet ist. Diese Größe wird Entropie genannt. Wir haben noch zu beweisen, daß die so definierte Zustandsgröße S bzw. deren Änderung $\Delta S = \frac{\Delta Q}{T}$ mit der Wahrscheinlichkeit, das System in einem bestimmten Zustand zu finden, zusammenhängt. Führt man die Änderung des Systems bei konstanter Temperatur durch ($T_1 = T_2$), dann wird

$$\Delta S = R \ln \frac{V_2}{V_1} \tag{5.4}$$

(isotherme Zustandsänderung eines idealen Gases).

Eine ähnliche Rechnung gilt auch, wenn man mehrere Stoffe, Gase oder Flüssigkeiten miteinander vermischt, ohne daß hierbei eine Temperaturänderung eintritt. Die Integration der Gleichung (5.2) liefert die Entropie als Zustandsgröße bis auf eine willkürliche Integrationskonstante.

Auf beliebige Stoffe bezogen gilt

$$\mathrm{d}S = \frac{1}{T}\left(\mathrm{d}U - \sum_a X_a \,\mathrm{d}x_a - \sum_i \mu_i \,\mathrm{d}N_i\right). \tag{5.5}$$

Dabei bedeuten N_i die Teilchenzahl (Molzahl), μ_i die chemischen Potentiale der i-ten Komponente, X_a verallgemeinerte Kräfte, z. B. Δp_a (Druckausgleich), ΔT_a (Temperaturausgleich), Δc_a (Konzentrationsausgleich). X_a ist durch die thermische Zustandsgleichung $X_a(T, V, p)$ oder die kalorische Zustandsgleichung $X_a(T, U, V)$ gegeben.

Um die Entropie, z. B. für Wasserdampf, zahlenmäßig festzulegen, ist man in der Technik übereingekommen, das Integral

$$\Delta S = \int_1^2 \frac{\mathrm{d}Q}{T} = \int_{T_1}^{T_2} \frac{c_p}{T} \,\mathrm{d}T \tag{5.6}$$

von der unteren Grenze $T_1 = 273{,}15$ K aus zu bilden.

Bei der Vermischung, bei dem Ausströmen von Gasen in ein Gefäß, bei dem Temperaturausgleich durch Wärmeleitung und Strahlung nimmt die Größe $\Delta S = \int_1^2 \frac{dQ}{T}$ stets zu.

Es gibt keine Vorgänge in der belebten und unbelebten Natur, bei denen ohne Einwirkung von außen, also ohne Vergrößerung des Systems, ein solcher irreversibler Prozeß rückgängig gemacht werden kann. Das ist der Inhalt des zweiten Hauptsatzes der Thermodynamik.

Bezeichnen wir im ersten Hauptsatz

$$\Delta U = \Delta Q + \Delta A$$

die gewinnbare Arbeit ΔA mit ΔF (freie Energie), so gilt nach Division durch T (für isotherme Prozesse):

$$\frac{\Delta F}{T} = \frac{\Delta U}{T} - \frac{\Delta Q}{T} \quad \text{bzw. mit} \quad \frac{\Delta Q}{T} = \Delta S$$

$$\Delta F = \Delta U - \Delta S \cdot T \quad \text{bzw.} \quad dF = d(U - ST) = 0 \tag{5.7}$$

im Gleichgewicht.

Schreibt man für $\Delta F + p\Delta V = \Delta G$ und $\Delta U + p\,\Delta V = \Delta H$, so entsteht

$$\Delta G = \Delta H - \Delta ST \quad \text{bzw.} \tag{5.8}$$

$$dG = d(H - ST) = 0 \quad \text{im Gleichgewicht.}$$

Nur die Arbeit ΔF steht als freie Energie bzw. ΔG als freie Enthalpie zur Verfügung. Das thermodynamische Gleichgewicht ist durch minimale freie Energie oder freie Enthalpie gekennzeichnet. Ein sich selbst überlassener Körper wird sich so lange irreversibel verändern, bis seine freie Energie oder freie Enthalpie zu einem Minimum wird. Das geschieht durch Vergrößerung von ΔS. Bei chemischen Umwandlungen, die bei gleichem Druck und gleicher Temperatur erfolgen, ist ΔH bei exothermen Reaktionen negativ, bei endothermen Reaktionen jedoch positiv.

Es muß also bei den letzteren dem System von außen Energie zugeführt werden.

Die thermodynamische Wahrscheinlichkeit W wird mit der durch die Beziehung $dS = \frac{dQ}{T}$ (5.6) definierten Entropie in Zusammenhang gebracht. Das geschieht durch die Formel

$$S = \text{const} \cdot \ln W. \tag{5.9}$$

Das wollen wir für einen einfachen Fall ableiten:

Wir betrachten zwei Gasvolumina V_1 und V_2, wovon das größere V_2 das kleinere V_1 einschließen soll. Wir fragen, um wieviele Male die Wahrscheinlichkeit, eine bestimmte Anzahl Moleküle in einem bestimmten Augenblick im Gesamtvolumen V_2 anzutreffen, größer ist als die, sie zusammen im Volumen V_1 zu finden. Für ein Molekül erhalten wir dafür das Verhältnis V_2/V_1. Bei zwei bestimmten Molekülen (A und B) ist dieses Verhältnis $(V_2/V_1)^2$. Für N_L Moleküle, d. h., für 1 Mol Gas, ist die Wahrscheinlichkeit, diese im Gesamtvolumen V_2 anzutreffen, ungeheuer viel größer als die, daß die sich zufälligerweise alle im Teilvolumen V_1 aufhalten. In der Praxis wird das Gas den ganzen Raum V_2 einnehmen, und die Zahl der molekularen Anordnungen wird $(V_2/V_1)^{N_L}$-mal größer. Die Zunahme der thermodynamischen Wahrscheinlichkeit beträgt somit

$$\Delta W = \left(\frac{V_2}{V_1}\right)^{N_L}.$$

Durch Logarithmieren entsteht

$$\ln \Delta W = N_L \ln \frac{V_2}{V_1}. \tag{5.10}$$

Diese Gleichung erinnert an die bei der Einführung des integrierenden Faktors $1/T$ in den ersten Hauptsatz für isotherme Zustandsänderungen geltende Beziehung (5.4):

$$\Delta S = R \ln \frac{V_2}{V_1} \quad \text{bzw.} \quad S = R \ln \frac{c_1}{c_2} \quad \text{mit} \quad c_1 < c_2$$

(c Konzentration).

Die Berechnung der Wahrscheinlichkeitszunahme bei der Volumenvergrößerung von V_1 auf V_2 entspricht der durch (5.4) beschriebenen isothermen Expansion. Also wird nach Elimination von $\ln V_2/V_1$ aus (5.4) und (5.10)

$$\Delta S = \frac{R}{N_L} \ln \Delta W.$$

Mit $k = \dfrac{R}{N_L}$ entsteht daraus

$$\Delta S = k \ln \Delta W. \tag{5.11}$$

k ist die bekannte BOLTZMANN-Konstante ($1{,}38 \cdot 10^{-23}$ J/K).

In dem Maße, in dem die Zahl der möglichen Anordnungen, also das Verhältnis aus der Zahl der wahrscheinlichen zur Zahl der unwahrscheinlichen Fälle, ansteigt, wächst auch die Entropie. Im angeführten Beispiel ist sie dem Logarithmus des Verhältnisses der Volumina proportional.

Die hier für das ideale Gas angestellten Wahrscheinlichkeitsbetrachtungen gelten definitionsgemäß auch für reale Gase, Flüssigkeiten und Festkörper. Der Übergang von unwahrscheinlichen zu wahrscheinlichen Anordnungen, also der irreversible Ausgleich von Temperaturen und Drücken, die Mischung und die Umwandlung geordneter in ungeordnete Molekularbewegung vergrößern die thermodynamische Wahrscheinlichkeit, also auch die Entropie. Es gilt für alle irreversiblen Prozesse:

$$\Delta S_{\mathrm{irr}} > 0. \tag{5.12}$$

Der Nachweis, daß die Entropie dem Logarithmus der thermodynamischen Wahrscheinlichkeit proportional ist, ist die bedeutendste Leistung von Ludwig Boltzmann. Die Entropie ist eine der wichtigsten Zustandsgrößen. Ihre Bedeutung geht über das für reversible Vorgänge geltende Integral (vgl. (5.6))

$$\Delta S = \int_1^2 \frac{\mathrm{d}Q}{T}$$

hinaus. Findet man bei der wiederholten Messung der Entropie geschlossener Systeme unterschiedliche Werte S_1 und S_2 mit $S_2 > S_1$, so ist die Entropiedifferenz $S_2 - S_1 = \Delta S > 0$ durch irreversible Prozesse, die zwischen den Messungen abgelaufen sind, entstanden. Wegen der Irreversibilität muß die Messung $S_2 > S_1$ zu einem späteren Zeitpunkt erfolgt sein.

Ein nicht im thermischen Gleichgewicht befindliches System wird sich so lange von selber ändern, bis die Entropie S ihren Höchstwert, die freie Energie $F = U - TS$ ihren Tiefstwert erreicht hat. Dann liegt das thermodynamische Gleichgewicht vor. Sind in einem Körper die Moleküle frei beweglich, dann stellt sich das thermodynamische Gleichgewicht sehr schnell ein.

5.4. Zweiter Hauptsatz der Thermodynamik in makromolekularen, insbesondere biologischen Systemen

In vielen Fällen beobachten wir in makromolekularen Systemen scheinbare Abweichungen vom thermodynamischen Gleichgewicht. Dafür gibt es verschiedene Ursachen:

1. Einfrieren von bei hohen Temperaturen geltenden Gleichgewichtszuständen bei der Abkühlung (Nullpunktsentropie)

Auf Grund der thermodynamischen Potentiale $G = H - TS$ bzw. $F = U - TS$ gehört im Gleichgewicht zu jeder Temperatur eine bestimmte Entropie S. Wegen der zwischen den Molekülen bestehenden Kräfte ändert sich bei der Abkühlung die wechselseitige Lage der Moleküle unter Bildung geordneter

Strukturen. Der Übergang erfolgt über Potentialbarrieren (z. B. Valenzwinkelverzerrungen) der durch chemische Bindungskräfte gegebenen Hyperflächen der potentiellen Energie (Abb. 16). Die Einstellung des thermodynamischen Gleichgewichtes verlangt die Überwindung der Barriere ΔU_i bzw. ΔU_k. [45] Bei schneller Abkühlung treten die zur Einstellung des Gleichgewichtes notwendigen thermischen Schwingungen zur Überwindung der Aktivierungsenergien ΔU_{ik} während des kurzen zur Verfügung stehenden Zeitintervalls nicht auf. [45] Die bei hohen Temperaturen verstärkte Besetzung der oberen Potentialmulden bleibt erhalten. Wir haben deshalb den Körper in einem Zustand höherer Entropie eingefroren.

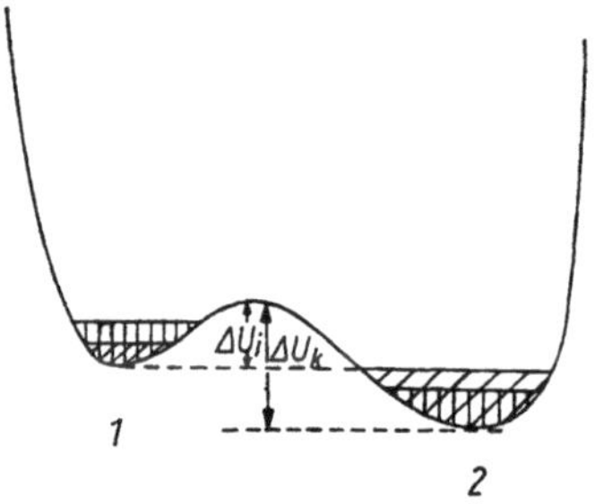

Abb. 16. Schnitt durch eine Energiehyperfläche zwischen zwei möglichen Konformationen von Makromolekülen. Senkrechte Schraffur: Besetzung der möglichen Lagen bei hohen Temperaturen, schräge Schraffur: desgleichen bei tiefen Temperaturen

Ähnliches gilt für die Nichteinstellung des chemischen Gleichgewichtes nach dem Massenwirkungsgesetz. So ist Knallgas beliebig lange beständig. Die zur explosionsartigen Einstellung des Gleichgewichtes notwendige Aktivierungsenergie wird erst durch thermische Anregung, also Entzündung des Gasgemisches, aufgebracht. Man kann jedoch durch Katalysatoren die auftretenden Potentialbarrieren, d. h. die Aktivierungsenergien, senken und damit die Einstellung des chemischen Gleichgewichtes sehr stark beschleunigen.

Durch äußere Kräfte und Felder kann man bestimmte molekulare Konformationen, z. B. Orientierungen, erzwingen. Beim Abkühlen bleiben die auf diese Weise durch verminderte Entropie gekennzeichneten Strukturen erhalten. Beim Erwärmen stellt sich der dem thermodynamischen Gleichgewicht zugeordnete Zustand ein. Ein verstreckter Plastkörper zieht sich beim Erwärmen zusammen, leistet hierbei also eine bestimmte Arbeit.

Man kann bei genügend tiefen Temperaturen die äußere mechanische Beanspruchung wegnehmen, ohne daß sich die Form oder die Struktur ändert und ohne daß sich das thermodynamische Gleichgewicht einstellt. Die Wärmebewegung ist bei tiefen Temperaturen nicht kräftig genug, um die Aktivierungsenergie ΔU zur Gleichgewichtseinstellung in genügend kurzer Zeit aufzubringen (Abb. 16). Die Änderungsgeschwindigkeit $\frac{dS_u}{dt}$ eines thermodynamischen Ungleichgewichtes (Index u), gekennzeichnet durch die Entropie S_u, ist in vielen Fällen der Differenz $S_u - S_g$ proportional. S_u ist die Entropie für einen bestimmten Zeitpunkt t, S_0 diejenige für $t = 0$, S_g ist die Gleichgewichtsentropie. Wir nennen die Geschwindigkeitskonstante $K(T)$. Es gilt

$$\frac{dS_u}{dt} = -K(S_u - S_g). \tag{5.13}$$

Die Lösung lautet

$$S_u = S_g - (S_g - S_0)\, e^{-Kt}. \tag{5.14}$$

Die Geschwindigkeitskonstante $K(T)$ der Gleichgewichtseinstellung ist oft der Affinität A einer chemischen Reaktion proportional. $1/K$ ist eine Relaxationszeit, exponentiell abhängig von einer Aktivierungsenergie.

2. Fixierung bestimmter molekularer Ordnungen durch Matrizenpolymerisation

Eingefrorene Nichtgleichgewichte sind typisch für makromolekulare Systeme. Das gilt nicht nur in bezug auf die wechselseitige Zuordnung verschiedener Moleküle, sondern im besonderen Maße für das Einzelmolekül als Ganzes. So ist hier die Bildung ganz spezieller Konfigurationen möglich. Diese stellen wegen ihrer Struktur Systeme weitab vom thermodynamischen Gleichgewicht dar.

Makromoleküle, gebildet durch Matrizenpolymerisation und charakterisiert durch bestimmte Sequenzfolgen der Seitengruppen Adenin, Guanin, Cytosin und Thymin oder genau festliegender Sequenzfolgen der Aminosäurereste in den Proteinen, stellen derartige thermodynamische Ungleichgewichte dar. Durch Zufall oder stochastische Aneinanderreihung von Monomeren würde sich ein eine bestimmte ausgezeichnete Sequenzfolge tragendes Makromolekül nur mit größter Unwahrscheinlichkeit bilden. Das gilt auch für die mit der Primärstruktur gekoppelte Sekundär- und Tertiärstruktur. Durch die Matrizenpolymerisation (Replikation und Translation) wird das einmal gebildete Ungleichgewicht fixiert und identisch auf weitere Moleküle übertragen. Die Sequenzfolgen sind stabil und besitzen nur eine sehr kleine Änderungsrate in Richtung auf stochastische Sequenzfolgen. Das ist ein bisher wenig beachtetes Merkmal makromolekularer Systeme und ermöglicht, in den eingefrorenen Strukturen gekoppelte Informationen beliebig lange zu fixieren. Damit sind Makromoleküle unterhalb einer bestimmten Temperatur stabile Speicher für Informationen und verbleiben beliebig lange in diesem „thermodynamischen Ungleichgewicht".

Der Übergang in eine andere Sequenzfolge verlangt die Überschreitung einer bestimmten Energiebarriere ΔU, die im Falle der Überwindung kovalenter Bindungen größenordnungsmäßig 100 bis 400 kJ beträgt. Die durch so hohe Aktivierungsenergien festgelegten chemischen Bindungen sind stabil von 0 K bis etwa 500 K.

Im biologischen und chemischen Geschehen werden die Einstellung eines thermodynamischen Gleichgewichtes hindernde Energiebarrieren ΔU_i (Aktivierungsenergien) durch Katalysatoren (Enzyme) vermindert. Diese beschleunigen die Einstellung von Gleichgewichten. Auch das Umgekehrte ist möglich. In Organismen nennt man Enzyme, die ein Ungleichgewicht fixieren oder einen bestimmten chemischen Prozeß verlangsamen, Repressoren, während man für die beschleunigenden Enzyme häufig den Ausdruck Operatoren gebraucht.

5.5. Erhaltung von wesentlichen Abweichungen vom thermodynamischen Gleichgewicht durch kybernetische Systeme unter Ausbildung von Fließgleichgewichten (dissipative Systeme) [23]

Man kann Ungleichgewichte beliebig lange aufrechterhalten, wenn man durch phasenrichtige, dosierte Energiezufuhr (oder aber auch Entropieentnahme) von außen eine Erhaltung des unwahrscheinlichen Zustandes erzwingt.

Ein Beispiel aus dem täglichen Leben ist die Erhaltung des labilen Zustandes beim Balancieren (Jonglieren). Man verhindert durch Gegenbewegung jede Zustandsänderung aus dem labilen Gleichgewicht heraus. Das gilt gleichermaßen für das Radfahren und für das Seiltanzen. Ein thermodynamisches Ungleichgewicht S_u ändert sich im ersten Zeitabschnitt Δt auf Grund der Taylor-Beziehung um

$$\Delta S_u = \frac{dS_u}{dt} \Delta t, \qquad \Delta S_u > 0. \tag{5.15}$$

Um diese Entropieänderung auszugleichen, muß man bei ungeänderter innerer Energie U dem System von außen die freie Energie $\Delta F = -\frac{dF}{dt} \Delta t$ zuführen. Es gilt dann

$$dF = dS_u T. \tag{5.16}$$

Das System produziert die Entropie dS_u, die durch freie Energie kompensiert wird.

Nach der Integration folgt:

$$\Delta F = \int_0^{\Delta t} \frac{dS_u}{dt} T \, dt > 0. \tag{5.17}$$

ΔF ist klein, wenn die Störung sehr schnell behoben wird. (Δt klein.) Ein geübter Radfahrer wird schneller bei Störungen des Gleichgewichtes, also mit weniger Energie für die Lenkprozesse, auskommen als ein Anfänger. Auch die Erhaltung ungedämpfter Schwingungen durch phasenrichtige Energiezufuhr von außen ist hier zu nennen. Bei der Pendeluhr wird phasenrichtig die durch die Reibung verbrauchte Energie des Pendels aus der Uhrfeder nachgeliefert, beim Laser wird die abgestrahlte Energie durch die vom Licht selbst stimulierte atomare Umlagerung ersetzt. Der Laser ist damit ein Analogon zu der in den Organismen entscheidend wichtigen Regelung (Feedback) einschließlich der Autokatalyse.

Dissipative Strukturen (Fließgleichgewichte) sind Systeme weitab vom thermischen Gleichgewicht, in denen ständig Entropie erzeugt wird, ohne daß sich ihre innere Energie ändert. Sie verharren im Zustand des thermischen Ungleichgewichtes. Fließgleichgewichte sind durch verallgemeinerte Kräfte (z. B. Affinitäten) und damit verknüpfte Flüsse (chemische Reaktionen) gekennzeichnet.

Man unterteilt die Änderung dZ einer extensiven Größe Z in einen Anteil, der auf einem Austausch beruht, und in einen systemgebundenen Anteil. Das führt zu der Beziehung

$$\mathrm{d}Z = \mathrm{d}Z_{\mathrm{i}} + \mathrm{d}Z_{\mathrm{e}}.$$

Verstehen wir als extensive Größe die Entropie S, dann gilt nach PRIGOGINE [84]

$$\mathrm{d}S = \mathrm{d}S_{\mathrm{i}} + \mathrm{d}S_{\mathrm{e}}. \tag{5.18}$$

Im Sinne von PRIGOGINE bezeichnen Größen ohne Index die Systemgrößen, der Index i bezieht sich auf *innere* irreversible Zustandsänderungen, der Index e wird für den Austausch (exchange) mit dem Umgebungssystem verwendet, der Index L wird dem lebenden, T dem toten System zugeordnet.

Zeichnet sich das betrachtete offene System durch eine größere Entropieabgabe ($\mathrm{d}S_{\mathrm{e}} < 0$) gegenüber der im Innern produzierten Entropie ($\mathrm{d}S_{\mathrm{i}} > 0$) aus, so entsteht eine Entropieverkleinerung

$$\mathrm{d}S = \mathrm{d}S_{\mathrm{i}} + \mathrm{d}S_{\mathrm{e}} < 0, \qquad |\mathrm{d}S_{\mathrm{e}}| > |\mathrm{d}S_{\mathrm{i}}|. \tag{5.19}$$

Im Falle des Gleichgewichtes gilt $\mathrm{d}S_{\mathrm{i}} = -\mathrm{d}S_{\mathrm{e}}$, also $\mathrm{d}S = 0$. Dabei können sich dissipative Systeme erst ausbilden, wenn ein kritischer Abstand vom thermodynamischen Gleichgewicht besteht, also ein thermodynamisches Ungleichgewicht vorhanden ist.

Dissipative Strukturen weitab vom Gleichgewicht werden durch nichtlineare Differentialgleichungen und nichtlineare Flüsse beschrieben. [36, 38, 84]. Die innere Entropieerzeugung läßt sich als Wirkung von Flüssen I_j und Kräften X_j

darstellen:

$$\frac{dS_i}{dt} = \sum_j I_j X_j \geqq 0.$$

Nach EIGEN [25] und PRIGOGINE [84] sind auch autokatalytische Prozesse zu nennen. PRIGOGINE weist nach, daß sich in jedem dissipativen System die Entropieproduktion verlangsamt, bis sie im Falle des Fließgleichgewichtes den Wert

$$\frac{dS_i}{dt} = 0$$

erreicht. Aus den Gleichgewichtsbedingungen

$$S_i = \max! \quad \text{und} \quad \frac{dS_i}{dt} \geqq 0$$

folgt

$$\frac{d^2S_i}{dt^2} \leqq 0 \tag{5.20}$$

(„physikalische Evolution").

Die Kräfte (Affinitäten) in einem dissipativen System ändern sich ständig so, daß die Geschwindigkeit der Entropieproduktion abnimmt. Diese Beziehung gilt auch für den Fall der nichtkonstanten inneren Energie $\left(\frac{dU}{dt} \neq 0\right)$. Die Existenz eines Fließgleichgewichtes ist mit Oszillationen bzw. Fluktuationen um den sich einstellenden Ungleichgewichtszustand ursächlich verknüpft. [84, 85]

Nach VON BERTALANFFY [6, 8] gilt für das Fließgleichgewicht

$$dU_e = 0, \qquad dS_e = -dS_i \leqq 0.$$

Es muß dem System Negentropie zugeführt werden, die die innere Entropieproduktion ausgleicht. Immer handelt es sich um offene nichtlineare Systeme. EBELING hat in seinem grundlegenden Buch [23] die nichtlinearen Beziehungen für die Stabilität eines solchen oszillierenden Systems dargestellt. Ihre Bildung erfolgt plötzlich und schaukelt sich dann auf einen stationären (dynamischen) Schwingungszustand auf (z. B. Schwingungseinsatz bei einem Röhrensender oder Übergang laminar → turbulent bei einem bestimmten Strömungsgefälle). Immer ist ein bestimmter experimenteller Aufbau (einer Grundinformation entsprechend) erforderlich. Natürliche Systeme weisen eine Schwingungsdämpfung auf. In dissipativen Systemen kommt es zu Fluktuationen der Entropie um Beharrungszustände. Das ist z. B. bei der ADP ⇆ ATP-Umwandlung der Fall. [10]

Die Thermodynamik dissipativer offener Systeme beschreibt dynamische Vorgänge. Es interessieren also immer Geschwindigkeiten thermodynamischer Umwandlungen. Dabei hat hier die Geschwindigkeit der Entropieproduktion bei der Behandlung dissipativer Systeme dieselbe Bedeutung wie bei der Betrachtung der Entropie selbst für die Beschreibung irreversibler Vorgänge. Die maßgebenden nichtlinearen Differentialgleichungen haben unter Umständen mehrere Lösungen, wobei für die Aufrechterhaltung des Fließgleichgewichtes, d. h. des dissipativen Zustandes weitab vom thermodynamischen Gleichgewicht, die Beziehung

$$dS_i = 0$$

gilt.

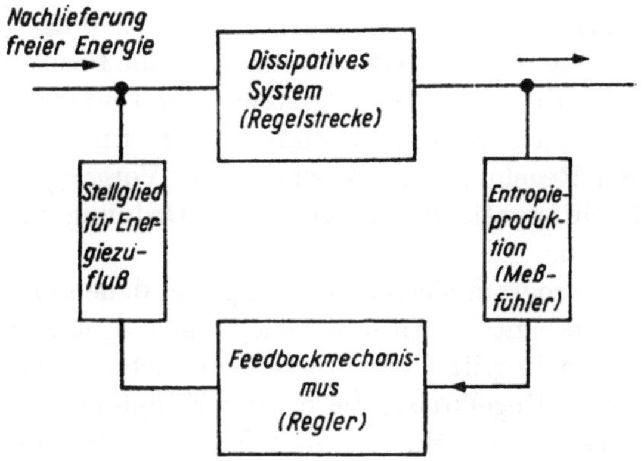

Abb. 17. Blockschaltbild für ein Fließgleichgewicht, das durch eine Feedbackreaktion aufrechterhalten wird

Die Bildung dissipativer Strukturen aus stationären (eingefrorenen) Nichtgleichgewichten eröffnet die Möglichkeit für die Ingangsetzung eines durch Zufuhr freier Energie und einer Feedbackreaktion gekennzeichneten Fließgleichgewichtes (Abb. 17). Diese hier zur Diskussion gestellte Möglichkeit (Abschnitt 11.1.) erweitert die in [23] erörterten Fälle. Es handelt sich dabei um eine kinetische Phasenumwandlung. Wir werden bei der Besprechung der „Urzeugung" darauf einzugehen haben. Das offene thermodynamische System (Lebewesen, Zelle) befindet sich weitab vom thermodynamischen Gleichgewicht und besitzt die Entropie S_u. Sich selbst überlassen (also ohne Feedback bzw. ohne Autokatalyse), würde ein beliebiges nichteingefrorenes thermodynamisches Ungleichgewicht sich mit der Geschwindigkeit $\frac{dS_u}{dt} > 0$ dem thermodynamischen Gleichgewicht nähern.

In dissipativen Systemen wird durch „Meßfühler“, also Rezeptoren, Indikatoren, in Lebewesen Enzymen, diese Abweichung vom Gleichgewicht ermittelt und die Aufnahme freier Energie in das betrachtete offene System gesteuert und dieses damit aufrechterhalten. Das wird durch folgendes Schema veranschaulicht:

thermodynamisches Ungleichgewicht dissipatives System — thermodynamisches Gleichgewicht

S_u $\qquad S \rightarrow$

(Oszillationen um S_u) $\qquad \left(\frac{dS}{dt} = 0\right)$

Es erfolgt eine, manchmal unvermeidliche, Verzögerung bei der notwendigerweise ständig eintretenden Zufuhr freier Energie. Gleichzeitig wird eine Phasenumkehr in der Weise erzwungen, daß die dem offenen System zufließende freie Energie gerade der nach dem zweiten Hauptsatz eintretenden Entropievermehrung entgegenwirkt. In der Regelungstechnik wird dieser Vorgang im einzelnen untersucht und durch Differentialgleichungen n-ter Ordnung mit konstanten Koeffizienten beschrieben.

Man untersucht auch Fälle einer programmierten Regelung, bei denen eine gewollte Veränderung des Sollwertes eintritt. In den biologischen Systemen gilt das für Vorgänge, die durch den Begriff Evolution gekennzeichnet sind. Meist handelt es sich um vermaschte Regelkreise, die bei der Kopplung exothermer Reaktionen bei einem gesteuerten Massen- und Energiezufluß Bedeutung haben.

Bei konstanter innerer Energie ($dU = 0$) folgt aus dem Grundgesetz ($dF = dU - T\,dS$) bei isothermen Prozessen mit $dS = dS_i + dS_e$:

$$\frac{dS_i}{dt} = -\frac{dS_e}{dt} - \frac{1}{T}\frac{dF}{dt}. \tag{5.21}$$

Dabei gilt

$$\frac{dS_i}{dt} = 0 \quad \text{für} \quad \frac{dS_e}{dt} = -\frac{1}{T}\frac{dF}{dt}.$$

Tritt bei der Evolution, beim Wachstum und bei der Informationszunahme lebender Systeme eine Entropieabnahme dS ein, dann muß durch Zufuhr freier Energie dF_e von außen diese Entropieabnahme ausgeglichen werden. Bei konstanter innerer Energie gilt

$$\frac{dF_e}{T} = -dS_e = dS_i - dS.$$

Bei der Alterung, dem Absterben der Zellen, beim Körperzerfall und beim Tod eines Individuums gilt im Sinne der Thermodynamik

$$\frac{\mathrm{d}S}{\mathrm{d}t} > 0.$$

Die zugeführte freie Energie zur Aufrechterhaltung des Fließgleichgewichtes, d. h. der dissipativen Struktur des Systems, ergibt sich aus der Stärke der angebotenen äußeren Energiequelle, z. B. der Intensität der Quantenstrahlung bei der Fotosynthese, bzw. aus dem über den Regler (Feedback) angeforderten Energiefluß. Die Gleichung (5.21) beschreibt einen Regelmechanismus. Zufließende Energie und die damit ausgeglichenen Entropieänderungen haben umgekehrtes Vorzeichen.

Kommen noch Änderungen der inneren Energie ΔU des Systems hinzu, so findet sich

$$\Delta U = \sum_j F_j + \sum_k F_k + T \sum_m \Delta S_m. \tag{5.22}$$

Hierbei gilt $\Delta U < 0$ bei exothermen, $\Delta U > 0$ bei endothermen Prozessen. Es sind

- ΔU die Änderung der inneren Energie des Systems (Speicherung von Energie durch Aufnahme von Nahrungsmitteln, Bildung von ATP aus ADP usw., Wachstum),
- ΔF_j zugeführte freie Energie (Quantenstrahlung, zugeführte ATP), Verbrennung von Glukose nach dem Krebs-Zyklus, Energiezufluß zur Aufrechterhaltung des thermodynamischen Ungleichgewichtes, d. h. zur Steuerung des Fließgleichgewichtes) ($\Delta F_j > 0$),
- ΔF_k möglicherweise zu leistende Arbeit (Muskelarbeit, Diffusion gegen das natürliche Gefälle, verbrauchte ATP durch Umwandlung in ADP) ($\Delta F_k < 0$),
- ΔS_m Entropieänderung (dabei Wärmeabgabe an die Umgebung, passive Diffusion, Wärmeerzeugung durch innere Reibung). Zellabbau und Alterung bedingen für das System positive Beiträge; Bildung komplizierterer, d. h. informativerer, molekularer Anordnungen bei der Evolution und Informationsspeicherung ergeben negative Beiträge.

Die vom thermodynamischen Gleichgewicht weit entfernten, lebenden Systeme verharren in diesem Ungleichgewicht. In ihnen finden ständig Energieumformungen statt. Sie benutzen die in der Natur vorhandenen Ungleichgewichte, z. B. die mögliche Oxydation anorganischer Stoffe, die Quantenstrahlung als auszutauschende „hochwertige" äußere Energie, und geben Energie „niederer" Qualität (Wärme, geleistete Arbeit) an die Umgebung ab.

Gleichzeitig bestreiten sie durch die Aufnahme freier Energie die in ihnen stattfindende Entropieproduktion. Für das offene System des lebenden Organismus gilt im allgemeinen

$$\frac{dS_L}{dt} \leqq 0. \tag{5.23}$$

Es sind natürlich auch Fälle zu erwähnen, in denen z. B. eine Entartung der Zellen etwa bei der Bildung von kanzerogenem Gewebe eintritt, für die dann natürlich $\frac{dS_L}{dt} > 0$ ist.

Betrachten wir das lebende System jedoch zusammen mit der Umgebung (Entropie S_{Um}) so gilt

$$\frac{dS_L}{dt} + \frac{dS_{Um}}{dt} \geqq 0, \tag{5.24}$$

wobei

$$\left|\frac{dS_{Um}}{dt}\right| \geqq \left|\frac{dS_L}{dt}\right| \tag{5.25}$$

ist. Im Fall des Todes hören alle Regelprozesse auf, und es gilt dann auch für das ursprünglich offene System

$$\frac{dS_T}{dt} \geqq 0. \tag{5.26}$$

In Erweiterung der grundlegenden Überlegungen von SCHRÖDINGER [96] kann man ergänzen, daß die Lebewesen bewußt oder unbewußt, aber stets lebensnotwendig und zweckmäßig den Kontakt mit der Umwelt verändern und damit den Entropiefluß beeinflussen, was zu einer Steuerung des Verbrauches an freier Energie führt. [47] Die Gleichungen (5.15) bis (5.20) sind notwendige und auf das biologische Geschehen bezogene Ergänzungen zu den Hauptsätzen der Thermodynamik, sie ordnen sich in das Gesamtsystem der Axiome der Thermodynamik ein.

Dabei ist es den Organismen selbstverständlich versagt, auch scheinbar naheliegende Abweichungen vom gesetzmäßigen thermodynamischen Verhalten als Energiequellen auszunutzen. Die biologischen Systeme können nicht aus einem Kollektiv von Molekülen mit unterschiedlicher Schwingungsanregung (BOLTZMANNsche Energieverteilung) die energiereicheren zur Eigenenergieerzeugung auswählen.

Die „MAXWELLschen Dämonen“ sind nicht realisierbar, das Leben kann an keiner Stelle die Naturgesetze umgehen.

Der zweite Hauptsatz erlaubt weiterhin nur einen durch die primär gegebenen Temperaturintervalle festgelegten maximalen Wirkungsgrad.

Der maximale Wirkungsgrad beträgt

$$(T_1 - T_2)/T_1 < 1. \qquad (5.27)$$

Dabei sind T_1 die Temperatur des oberen Energiereservoirs und T_2 diejenige des unteren. Für T_2 wird meist die Umgebungstemperatur eingesetzt.

Bei isothermen Prozessen sind diese Temperaturintervalle durch die chemischen Affinitäten zu ersetzen. Diese stellen die verallgemeinerten Kräfte für die Dynamik der thermodynamischen Umwandlungen dar.

Die primäre Ausnutzung der Quantenstrahlung der Sonne in den Pflanzen bewirkt am Ort eines Moleküls eine hohe Energiekonzentration. Das würde unter zulässiger Übertragung auf ein großes Kollektiv von Molekülen einem hohen Wert für die Temperatur T_1 in (5.25) entsprechen und einen hohen thermischen Wirkungsgrad ergeben. In Wirklichkeit ist die Natur hier verschwenderisch und nützt nur ca. 31% der zur Verfügung stehenden Energie aus. In anderen Fällen ist der thermodynamische Wirkungsgrad besser, wobei alle in der Natur vorhandenen Energiequellen zur Ermöglichung der Lebensvorgänge dienen. Das gilt nur insoweit, als das biologische bzw. ökologische Gleichgewicht in der Natur nicht gestört wird. So wäre es z. B. denkbar, daß Kleinlebewesen die in den Fossilien gespeicherte Energie verbrauchen, also die Kohlenstoffvorräte und das Erdöl verbrennen. Das würde aber zum Verbrauch des Luftsauerstoffes und zu einem Ende des tierischen Lebens führen. Natürlich werden die in den Pflanzen erzeugten Energieträger (Zellulose, Kohlehydrate, Fette, Eiweiße usw.) von heterotrophen Lebewesen wiederholt zur Aufrechterhaltung des eigenen Lebens genutzt, wobei ein Abbau meist nur soweit erfolgt, daß eine Wiederaufnahme in den biologischen Kreislauf möglich ist. [46] So erfolgt beispielsweise der Abbau stickstoffhaltiger Stoffe in den Organismen nur bis zu den Nitraten bzw. den Ammoniumverbindungen.

Ohne auf die mathematischen Grundlagen einzugehen und ohne Kenntnis der DNA, wurden von Friedrich Engels [29] diese Gesetzmäßigkeiten schon richtig beschrieben: „Leben ist die Daseinsform der Eiweißkörper, deren wesentliches Moment im fortwährenden Stoffwechsel mit der äußeren sie umgebenden Natur besteht und die mit dem Aufhören dieses Stoffwechsels aufhört und die Zersetzung des Eiweißes herbeiführt."

Die Nachlieferung freier Energie zur Aufrechterhaltung eines Ungleichgewichtes erfolgt über einen Regelmechanismus (Feedback). Dieser ist mit einer Selbstinstruktion verbunden. Entscheidend für das Leben ist die Existenz dissipativer Strukturen, also der Fortbestand von thermodynamischen Ungleichgewichten weitab vom Gleichgewichtszustand. Es ist das ein dynamischer Prozeß. Genauso wichtig ist aber auch die Möglichkeit des Überganges von in Makromolekülen eingefrorener Ungleichgewichte in dissipative Systeme. Das ist eine Umwandlung eines statisch existierenden Ungleichgewichtes in einen dynamischen fortlaufenden Vorgang.

6. Information und Informationsspeicherung

6.1. Grundlagen der Informationstheorie

Das Leben besteht sehr wesentlich in der Aufnahme, Speicherung und Verarbeitung von Informationen aus der realen uns umgebenden Welt. Ein Teil der gespeicherten Informationen bildet das Gedächtnis, ein anderer Teil den außerhalb unseres Bewußtseins bestehenden genotypischen Informationsschatz. Einen Teil der Verarbeitung der Informationen in unserem Gehirn nennen wir Denken. Im vegetativen Nervensystem, ja in den Zellen, läuft aber auch ohne unser Bewußtsein ständig eine unübersehbare Mannigfaltigkeit von Informationsverarbeitungen ab.

Die als Denken, Fühlen, Wollen und Handeln von den Psychologen erforschten Gehirnfunktionen sind mit materiellen und in den Makromolekülen ablaufenden chemischen Prozessen ursächlich verknüpft. Das Denken besteht in der Bildung von Assoziationen, Kombination vorhandener Informationen in Worten und in Bildern, Erteilung von Befehlen an den Bewegungsapparat, Steuerung von Handlungsabläufen usw. Der Umfang der Denkprozesse ist so vielfältig, daß hier nur einige Beispiele gebracht werden können.

Zum Verständnis der biomolekularen Informationsverarbeitung und -speicherung ist die Kenntnis einiger Grundlagen der Informationstheorie nützlich. [30, 42, 72, 82, 86, 97, 113, 118]

Streng zu unterscheiden ist stets zwischen Informationsträger und Informationsinhalt. Völz [113] spricht vom Informationsträger und vom Getragenen. In der Computertechnik würde man für den materiellen Träger Hardware und für den Informationsinhalt Software einsetzen. In diesem Buch ist fast immer vom Informationsträger die Rede. In den wenigen Fällen, in denen der Informationsinhalt gemeint ist, wird jeweils darauf aufmerksam gemacht. Die Informationsspeicherung und -verarbeitung sind im allgemeinen Funktionen der Zeit.

Information bedeutet Gewinnung von Kenntnissen über ein unbekanntes Problem. In ingenieurmäßiger Darstellung beinhaltet das den Erkenntniszuwachs eines Empfängers, vermindert um Störanteile, die durch die Übertragung bedingt sind. Mit dieser Frage beschäftigt sich vorwiegend die Nachrichtentechnik. Die Nachricht selber vermittelt das Wissen über räumliche und zeitliche Geschehnisse. Diese werden durch Zeichen oder Symbole übertragen, denen empfangsseitig bestimmte Zuordnungen zu anderen Informationen aufgeprägt werden. So erhalten z. B. die Schwarz-Weiß-Übertragungen in einem Fernsehempfänger eine ganz bestimmte räumliche und zeitliche Zuordnung, so daß sich erst daraus das Fernsehbild entwickeln kann. Zwischen Übertragungssymbolen, z. B. „Ein" und „Aus", und Information steht eine Codierung, über die im einzelnen noch zu sprechen ist.

Wir haben vier miteinander gekoppelte Qualitäten zu betrachten:

1. die Information, d. h. den Informationsinhalt (also das Getragene), als reine Erkenntnis, als Befehl, als Anweisung, als Nachricht, zugehörig der Erfahrungswelt oder der Phantasie;
2. den materiellen Übermittler der Nachricht, also die elektromagnetische Welle, die Schallwelle, den elektrischen Stromstoß, das elektrische Potential, die zu- oder abfließenden Stoffe, die Nervenreizung;
3. den Weg der Nachricht während der Übermittlung, also den Draht, den Luftraum und die Nerven, und die Lokalisierung der Nachricht während der Speicherung, d. h. das Magnetofonband, die fotografische Schicht, das Fernsehbild, die Neuronen und die Biomoleküle; (2. und 3. sind Träger);
4. die Zentrale für die Verarbeitung, die Decodierung und die Auswertung der Information (Schaltzentrale, Rechenwerk, Gehirn).

Zwischen 1. und 2., 3., 4. besteht eine Vereinbarung, d. h. eine Codierung, die auch als Widerspiegelung aufzufassen ist. [12] 2., 3. und 4. bedingen einander. In der Biologie ist die Desoxyribonucleinsäure (DNA) Träger der Nachrichten, wobei jeweils eine Kopplung mit den Proteinen besteht.

Wir definieren als Maß für den Wert einer Information I eine Funktion des Verhältnisses aus der Zahl der möglichen Antworten zur Lösung eines Problems zu der Zahl der richtigen Antworten nach Lösung des Problems.

$$I = f\left(\frac{\text{Zahl der möglichen Fälle}}{\text{Zahl der richtigen Fälle}}\right). \tag{6.1}$$

Da die Wahrscheinlichkeit W für das Eintreten eines Ereignisses durch

$$W = \frac{\text{Zahl der günstigen Fälle}}{\text{Zahl der möglichen Fälle}} = \frac{\text{Zahl der richtigen Fälle}}{\text{Zahl der möglichen Fälle}}$$

gegeben ist, gilt auch $I = f(1/W)$. Werden mehrere Fälle mit der Wahrscheinlichkeit W_i betrachtet, so ist der Wert der Information über die Kenntnis aller Fälle zusammen gleich der Summe der Einzelinformationen:

$$I = \sum I_i.$$

Die Wahrscheinlichkeit zur Erlangung dieser Kenntnisse ist eine Sowohl-als-auch-Wahrscheinlichkeit und verlangt einen multiplikativen Zusammenhang der Einzelwahrscheinlichkeiten:

$$W = W_j W_k .$$

Die mathematische Formulierung dieses Sachverhaltes wird durch einen logarithmischen Zusammenhang zwischen Information I und Wahrscheinlichkeit W gewährleistet. Es gilt dann $I = K \ln 1/W$ bzw.

$$I_1 + I_2 = -K(\ln W_1 + \ln W_2) = -K \ln W_1 W_2 .$$

Der Wert einer Information wird durch $K \ln 1/W_i$ definiert. Die Wahrscheinlichkeit zu ihrer Erlangung ist W_i. Empfängt man N Nachrichten, gekennzeichnet jeweils durch die Wahrscheinlichkeit W_i, dann gilt für den Nachrichteninhalt

$$I = NK \sum_i W_i \ln 1/W_i = -NK \sum_i W_i \ln W_i . \tag{6.2}$$

Die Einzelnachricht hat also den mittleren Erwartungswert

$$H_i = KW_i \ln 1/W_i . \tag{6.3}$$

An und für sich unterliegt der Wert einer Information der subjektiven Beurteilung des Empfangenden. Da der Inhalt der Information (das Getragene nach Völz) durch die gewählte Codierung mit bestimmten Zeichen verknüpft ist und für diese Zeichen die Übertragungseigenschaften des Gerätes, seine Übermittlungsgeschwindigkeit und seine Speicherkapazität maßgebend sind, kann nur das Zeichen (das Wort, die Zahl) als Träger einer Nachricht einer mathematischen Behandlung und objektiven Beurteilung zugänglich sein. Die Informationstheorie beinhaltet deshalb einmal die materiellen Träger einer Information in einem Speicher (Druckbuchstaben in einem Buch, Halbleiterbauelemente in einem Computer, Neuronen im Gehirn), zum anderen den materiellen Weg von Nachrichten bei der Übertragung (Draht, modulierte elektromagnetische Welle, Nervenfaser) und die in bestimmten Zeichen verschlüsselte Nachricht (codierte Nachricht) und unterscheidet streng zwischen dem Träger und dem Getragenen. In der Formel (6.3) ist K eine noch festzulegende Konstante. Besteht die zu empfangende Nachricht aus mehreren Teilinformationen unterschiedlicher Wahrscheinlichkeit W_i und unterschiedlichen Wertes $\ln 1/W_i$, so kann man der Teilnachricht einen Erwartungswert

$$H_i = KW_i \ln 1/W_i$$

zuordnen. Shannon definiert den Informationswert H einer Gesamtnachricht zu

$$H = K \sum_i W_i \ln 1/W_i .$$

Diese Formel geht in die Beziehung $I = K \ln 1/W_i$ über, wenn die Wahrscheinlichkeit für alle Fälle gleich ist und man beachtet, daß $\sum_i W_i = 1$ (Gewißheit) ist.

Die in Abschnitt 5.3. abgeleitete Beziehung $S = k \ln W$ entspricht dieser Beziehung.

Man kann also formal den Informationsinhalt I bzw. H mit der Entropie eines Systems in Analogie setzen und damit von der Entropie der Information sprechen. Eine Zunahme der Informationen entspricht einer Abnahme der Entropie bzw. einer wachsenden Negentropie. Diese zunächst rein formale Analogie erhält aber eine viel tiefere und größere Bedeutung, wenn wir den materiellen Speichern einer Information im biologischen Geschehen eine ganz bestimmte Konfiguration eines Makromoleküls zuordnen. Im Sinne der Widerspiegelungstheorie des dialektischen Materialismus bedeutet das: Das Makromolekül ist Träger der Information und wird mit wachsender Komplexibilität der Information selber auch entsprechend komplizierter im Aufbau.

Der Entropiebegriff der Information widerspiegelt sich dann in bezug auf eine abnehmende Entropie der dieser Information zugeordneten Makromoleküle. Auf Grund dieser Überlegung erhält die Anwendung des Entropiebegriffes auf die Informationstheorie einen mehr als formalen Charakter.

Die Bildung eines bestimmten Moleküls aus einer Auswahl möglicher Konfigurationen bedeutet die Realisierung eines unwahrscheinlichen Zustandes. Die thermodynamische Wahrscheinlichkeit wird mit der Zahl der zu realisierenden Mikrozustände n identifiziert (n ist eine große Zahl). Gibt es n verschiedene Konfigurationen (Mikrozustände eines Systems), dann liefert die statistische Thermodynamik die Entropie $S = k \ln n$. Die Kopplung einer Nachricht mit einer bestimmten molekularen Konfiguration liefert bei Anwendung der von niemand mehr angezweifelten Gültigkeit der klassischen Thermodynamik auf molekulare Systeme den Beweis, daß die Benutzung des Begriffes „Entropie einer Nachricht" im thermodynamischen Sinne eine absolute Realität und keine formale Analogie ist.

Wir können in den Formeln (6.2) und (6.3) noch das Logarithmensystem beliebig wählen. In der Nachrichtentechnik verwendet man zweckmäßigerweise alternative Angaben, also: stromlos (0) und leitend (L) oder positiv (+) und negativ (—) oder ja und nein oder richtig und falsch. Deshalb wird aus schaltungstechnischen und praktischen Gründen mit Vorliebe auf das Dualsystem zurückgegriffen. Gibt es n verschiedene Zeichen, so bedeutet die Informationsübermittlung des einen richtigen Zeichens (Signals) den Informationsinhalt

$$I = K \log_2 n .$$

Wir wählen

$$K = +1 .$$

Damit erhalten wir

$$I = +\log_2 n \text{ bit/Zeichen bzw.}$$

$$I = -\log_2 W_i \quad \text{oder} \quad H = -\sum_i W_i \log_2 W_i. \tag{6.4}$$

Für $-H$ bzw. $-S$ wird der Begriff Negentropie eingeführt. Die Maßeinheit der Information wird binary digit (bit) genannt. Die Aussage N bit bedeutet also, es sind N Zeichen von je einem bit oder ein Zeichen mit N bit Inhalt zur vollständigen Information notwendig. 16 Möglichkeiten erfordern demnach vier Zeichen von je einem bit ($16 = 2^4$). Hat man 20 Zeichen zur Auswahl, z. B. 20 Aminosäuren, so beinhaltet jedes Zeichen, d. h., jede Aminosäure in der Sequenzfolge, $\log_2 20 = 4{,}34$ bit an Informationen.

Bei der Übermittlung von Informationen gilt folgendes Schema:

Nachricht → Codierung → Übertragung → Decodierung ↗ Speicherung / ↘ Informationsverarbeitung

↑ (auf Übertragung): Störungen (Rauschen)

Wir haben es stets mit der Wechselwirkung aus einer die Information übermittelnden und einer die Information empfangenden Stelle zu tun. Dazwischen existiert eine Leitung (ein Übertragungsweg), wodurch evtl. eine Verzerrung (Rauschen) der zu übertragenden Nachricht eintritt. Die Ausscheidung von Verzerrungen kann durch wiederholte Übermittlung der gleichen Nachricht (Redundanz) erfolgen; denn es ist unwahrscheinlich, daß eine Wiederholung zur gleichen Störung führt.

Eine verzerrte Nachricht ist oft sinnlos. Die Wiederholung und Speicherung (Akkumulation) liefert erst das Verständnis. Auch gibt es die Möglichkeit für Rückfragen. Unsere Sprache enthält viele Redundanzen; Fehler werden vom Empfänger meist erkannt, und das Signal wird trotzdem richtig verstanden. Störungen in einer Leitung erstrecken sich auf einen weiten Frequenz- und Amplitudenbereich. Man kann sie einschränken, wenn man die zu übermittelnde Nachricht auf einen kleinen Frequenzbereich beschränkt und die Nachricht wiederholt übermittelt und akkumuliert. (Störungen sind positiv und negativ und mitteln sich bei diesem Verfahren größtenteils heraus.)

Man kann die Information auf den Absender oder den Empfänger einer Nachricht beziehen. Im ersten Fall ist die Nachricht für den Empfänger so lange wertvoll, wie sie noch nicht in seinem Besitz ist. Hat er die Information erhalten, wird sie wertlos. Bezogen auf die Organismen bedeutet das: Mit wachsender Entwicklung der Tiere und Pflanzen nähern sich die gespeicherten Informationen asymptotisch einem Endwert. Der Endwert kann einem Zustand totaler Informationssättigung, also einem thermodynamischen Gleichgewicht eines Systems, entsprechen. Es wird dann die Entropie des Informationsinhaltes des Empfängers immer größer, seine Negentropie nimmt ab.

Gleichwohl läßt sich die zunehmende Information nur in immer komplexeren Bauelementen der Organismen speichern. Diese müssen sich aber immer weiter vom thermodynamischen Gleichgewicht entfernen. Die hier angedeutete und von VON WEIZSÄCKER [117] formulierte Deutung des Informationsbegriffes führt bei der Anwendung auf die biologische Speicherung wegen der wachsenden Komplexibilität der Organismen und der bestehenden Widerspiegelung zwischen Information und Informationsträger zu einem Widerspruch. Betonen wir also den materiellen Träger der Information und betrachten wir die Analogie zwischen Informationsinhalt und Informationsträger, so kommen wir zur Zuordnung der Information zum Empfänger der Nachricht. Höherentwicklung der Organismen bedeutet also nach dieser Auffassung: mehr und wertvollere Informationen für die Träger derselben, größere Negentropie bzw. kleinere Entropie der Lebewesen. Da die Lebewesen offene thermodynamische Systeme sind, stellt diese Feststellung keinen Widerspruch zum zweiten Hauptsatz der Thermodynamik dar.

6.2. Codierung

Die ankommenden Signale werden im Empfänger gespeichert, umgeformt und mit schon vorhandenen Informationen kombiniert. Für die zu übertragenden Ja-Nein-Entscheidungen benötigt man im allgemeinen eine vereinbarte Vorschrift zur eindeutigen Zuordnung der Signale zu den vorhandenen Informationen. Diese Vereinbarung muß notwendigerweise eindeutig in Richtung ankommendes Signal → Informationsspeicher und -verarbeitung sein. Dabei kann es sich z. B. um die Umformung von Dualzahlen in Dezimalzahlen, Schwarz-Weiß-Informationen in Fernsehbilder, modulierter Hochfrequenz in akustische Signale usw. handeln. Die Vorschriften zur Umwandlung von Signalen in andere werden Code genannt. Wir betrachten dazu mehrere Beispiele:

1. Binärcode

$0 = 0\,2^0$	0
$1 = 1\,2^0$	1
$2 = 1\,2^1 + 0\,2^0$	10
$3 = 1\,2^1 + 1\,2^0$	11
$4 = 1\,2^2 + 0\,2^1 + 0\,2^0$	100
$5 = 1\,2^2 + 0\,2^1 + 1\,2^0$	101
$6 = 1\,2^2 + 1\,2^1 + 0\,2^0$	110
$7 = 1\,2^2 + 1\,2^1 + 1\,2^0$	111
$8 = 1\,2^3 + 0\,2^2 + 0\,2^1 + 0\,2^0$	1000 usw.

2. Ternärcode

Ähnlich ist dieser in der Technik noch wenig benutzte Code aufgebaut. Er kann z. B. durch Gleichspannungssignale +. — und 0 bzw. Ströme → ← und 0 realisiert werden und könnte den Informationen ja, nein und unbekannt entsprechen.

$0 = 0\,3^0$	0	
$1 = 1\,3^0$	1	
$2 = 2\,3^0$	2	
$3 = 1\,3^1 + 0\,3^0$	10	
$4 = 1\,3^1 + 1\,3^0$	11	
$5 = 1\,3^1 + 2\,3^0$	12	
$6 = 2\,3^1 + 0\,3^0$	20	
$7 = 2\,3^1 + 1\,3^0$	21	
$8 = 2\,3^1 + 2\,3^0$	22	
$9 = 1\,3^2 + 0\,3^1 + 0\,3^0$	100	usw.

Die Codierung und Decodierung wird durch technisch-mechanische oder elektrische oder chemische beliebig oft wiederholbare Vorgänge realisiert. Sie beinhalten auch die Umformung von stetig veränderlichen Größen in sprunghaft unstetige, d. h. stufenförmige, Schritte, also die Intervallbildung und Einschachtelung. Diese Verfahren führen zwangsweise zur Existenz eines Schwellwertes, also einer unteren Grenze für die Übermittlung einer Information. Damit werden analoge Größen in Zahlenfolgen oder Ein-Aus-Signale umgewandelt, die ihrerseits bestimmte mechanische oder elektrische Schaltvorgänge auslösen. Schließlich können diese durch Leitungen direkt übertragen werden oder zur Modulation einer hochfrequenten Schwingung dienen. In Abbildung 18 sind einige Beispiele genannt.

Für die Decodierung sind entsprechende Schaltungen, z. B. Gleichrichter, in Gebrauch, die aus der ankommenden Impulsfolge bzw. modulierten hochfrequenten Welle wieder das Ausgangssignal aufbauen.

In manchen Fällen ist mit der Codierung eine Chiffrierung verbunden, die eine allgemein zugängliche Nachricht nur für ausgewählte Empfänger verständlich macht. In der Biologie spielt das z. B. bei der Übertragung von Duftstoffen oder der spezifischen Reizübermittlung zur Mobilisierung des Sexualgeschehens bei der Partnersuche eine Rolle. Es handelt sich um Ingredienzen, die nur die gleiche Art zu einer typischen Verhaltensweise anregen.

In anderen Fällen wird die Nachricht erst durch eine Zusatzinformation verständlich. So werden beim Fernsehen Zeilen- und Bildwechselimpulse ausgesendet, die im Empfänger Schaltvorgänge auslösen. Diese ordnen die ankommenden Schwarz-Weiß-Signale beim Bildaufbau an der richtigen Stelle ein.

6.3. Speicherung [114]

Für die Speicherung benutzt man in der Technik Elemente mit unterschiedlich stabilen Zuständen, z. B. ferromagnetische Körper mit Nord- und Südmagnetismus. Das Abfragen eines Speichers sollte nicht mit der Auslöschung der Information verknüpft sein, bzw. die Information ist nach dem Abfragen wieder zu regenerieren. Es kommt auf die Speicherkapazität, die Zugriffszeit, die Speichergröße, die Reproduzierbarkeit und die Löschbarkeit an. Wichtig

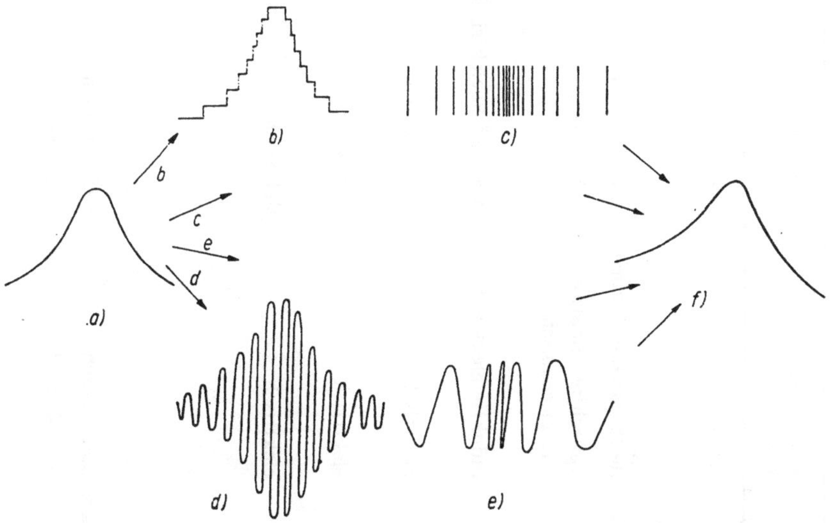

Abb. 18. Digitale und analoge Übertragung von Signalen. a) Signal, b) Signalumformung durch Intervallschaltung, c) Signalumformung in Nadelimpulse unterschiedlicher Schaltdichte, d) Amplitudenmodulation, e) Frequenzmodulation, f) Empfangssignal nach Decodierung bzw. Demodulation

ist die Möglichkeit, den Speicherinhalt gleichzeitig oder nacheinander zahlreichen Empfängern zu übermitteln. Dabei versteht man unter Kapazität den Speicherinhalt in bit, unter spezifischer Kapazität das Speichervermögen pro Speicherelement oder pro Kombination aus Speicherelementen, unter Zugriffszeit die notwendige Zeit, um einem Speicher eine gesuchte Information zu entnehmen, unter Löschbarkeit die Möglichkeit, den gleichen Speicher für verschiedenartige Informationen zu benutzen und unter der Reproduzierbarkeit die Möglichkeit, den Speicher wiederholt ohne Irrtum mit der gleichen Nachricht zu belegen.

In Tabelle 5 ist eine Reihe technischer Speicher genannt, wobei in Vorgriff auf Kapitel 7. bereits die biologischen Speicher erwähnt werden.

Tabelle 5. Übersicht über Speichersysteme [114]

a) Wirkungsweise

Art der Speicher	Aufzeichnung Schreiben	Wiedergabe Lesen	Löschen	Bemerkungen
Buch	Abdruck eines Schriftsatzes (Matrizenreproduktion)	Lesen	nicht möglich	
Schallplatte	Pressen von Matrizen	mechanisch/elektrisch	nicht möglich	
Lochkarte, Lochband	Einstanzen von Löchern durch Steuermechanismen	optisch/pneumatisch und mechanisch	nicht möglich	
Magnetband	Magnetfeld	induktiv/elektrisch	Wechselfeld elektrisch	
Halbleiterspeicher				
ROM Festwertspeicher	elektrisch	elektrisch	nicht möglich	ROM = read only memory
PROM	komplizierte elektrische Systeme	elektrisch	z. B. mit UV	programmierbarer Festwertspeicher
RAM	elektrisch	elektrisch	elektrisch	Random system (Halbleiterspeicher auf bipolarer Basis) oder maschinenorientiertes System (MOS)
biologische Speicher				
genotypische Speicher	Matrizenpolymerisation	biochemisch	nicht möglich	DNA
neurale Speicher	Lernvorgang	bewußtwerden	vergessen	Netzwerke und Proteine

Tabelle 5 (Fortsetzung)

b) Richtwerte für Größenordnung und Schaltzeiten von Speichern

Art der Speicher	Atome/bit	Schaltzeiten
physikalischer Grenzwert	10^{3}	10^{-13} s
chemischer Grenzwert (DNA)	20	10^{-3} s
Proteine	10^{3}	10^{-1} s
Bildplatte	10^{10}	
Fotografie	10^{12}	10 s
Gehirn (Neuron)	10^{13}	10^{-3} s
Magnetband (Video)	10^{13}	10^{-8} s
Halbleiter	10^{15}	10^{-10} s
Ferritkern	10^{18}	10^{-8} s

c) Richtwerte für Speicherkapazitäten und Zugriffszeiten

Art der Speicher	Speicherkapazität in bit	Zugriffszeit	Größe m^3
Halbleiter	10^{8}	10^{-8} s	10^{-7}
Ferritkerne	10^{7}	10^{-6} s	10^{-3}
Gedächtnis	10^{7}	1 s	10^{-4}
menschliche Keimzelle	$10^{10}-10^{12}$	2×10^{7} s	10^{-15}
Lexikon	10^{9}	10^{2} s	10^{-3}
Magnetbandspeicher	10^{9}	10^{2} s	10^{-4}

Zusätzlich ist bei jeder Ja-Nein-Entscheidung das betreffende Speicherelement an einem bestimmten Ort des Speichers lokalisiert. Es kann wegen dieser Ortsgebundenheit einen weiteren Informationsinhalt aufgeprägt bekommen. So könnte man z. B. ein bestimmtes Speicherelement mit der Information betrauen, eine Maschine ein- und auszuschalten, und ein benachbartes Speicherelement könnte die Stoffzufuhr steigern oder stoppen.

Da Nachrichten, die eine Zeit- und Ortsfestlegung bedingen, zusätzlich übermittelt werden, wird der Informationsinhalt gesteigert, bzw. die Nachricht wird wertlos, wenn nicht ein Zusatzsignal übermittelt oder ein solches falsch verstanden wird.

7. Information und Speicherung in biologischen Systemen [12, 33, 60, 93, 108]

7.1. Grundlegende Begriffe zur genotypischen Speicherung und Gedächtnisbildung [90, 92, 109]

In der Biologie wird die Speicherung und Verarbeitung von Nachrichten und Signalen durch Makromoleküle realisiert. Diese bilden die materiellen Träger der Informationen. Wir unterscheiden die genotypische Speicherung, also die Fixierung des gesamten Erbgutes eines Individuums, und die Speicherung von Informationen, die im Laufe des Lebens erworben werden, kurz, die Ausbildung des Gedächtnisses.

Es handelt sich bei dem genotypischen Erbschatz um die Festlegung und Übermittlung von Merkmalen, die für das sich entwickelnde Individuum, für die Art, die Klasse, ja, für das Leben überhaupt, charakteristisch und notwendig sind. Der genotypische Erbschatz enthält neben individuellen spezifischen Informationen andere, die für alle Lebewesen bzw. alle Tiere oder Pflanzen lebensnotwendig sind. Er ist während der letzten 500 Millionen Jahre im Verlaufe der Evolution der Lebewesen allmählich entstanden. Alle genotypischen Erbmerkmale werden in jeder Zelle eines Lebewesens, also auch in der Keimzelle, gespeichert. Meist wird der Umfang der Speicherkapazität unterschätzt und eine ungeheuer große Zahl von Informationen, die lebensnotwendig sind, kaum beachtet. RAVEN [88] schätzt die Zahl der zu vererbenden Informationen beim Menschen auf ca. 10^{12} bit je Individuum. V. BRAITENBERG [12] auf 10^{10} bit. Schon allein die anatomische Struktur, die in einem Lehrbuch der Anatomie wiedergegeben wird, erfordert $> 10^8$ bit an Informationen. Um die Mächtigkeit der Menge der zu vererbenden Merkmale zu verstehen, bringen wir eine bei weitem nicht vollständige Aufzählung, wobei die Angabe von Schätzwerten vermieden wird:

1. Die Übermittlung von Merkmalen, die für das einzelne Individuum charakteristisch sind und innerhalb der Populationsbreite einer Art schwanken können. Dabei handelt es sich um alle Merkmale, die in Chromosomenabschnitten molekular gespeichert sind und bei dem „crossing over" im Verlaufe der ersten meiotischen Teilung zu lebensfähigen Individuen führen. Das sind unermeßlich viele Merkmale: Gestalt, Körpergröße, Charakter, Begabung, Anfälligkeit für bestimmte Krankheiten, Talente, Neigungen, Haarfarbe, Geschlecht usw. Es bleibt dem Leser überlassen, die Fülle von Eigenschaften und körperlichen Merkmalen, die seine Wesensart kennzeichnen und alle vererbt wurden, abzuschätzen.

2. Es müssen aber in den Keimzellen auch die Merkmale und Informationen für eine Riesenzahl von chemischen Reaktionen, die alle Lebensprozesse kennzeichnen, gespeichert sein. Wir wissen, daß die in den Zellen ständig ablaufenden lebenserhaltenden Prozesse von weit mehr als 10000 verschiedenen Enzymen gesteuert werden. Die Bildung dieser Enzyme nach dem genetischen Code muß in der DNA fixiert sein. Dasselbe gilt auch für die Informationen über alle ablaufenden sehr komplizierten chemischen Vorgänge in den Zellen. Genannt seien schließlich Informationen über die Bildung niedermolekularer und polymerer Stoffe wie die Transportproteine, die Speicherproteine und fibrillären Proteine.
3. Der genotypische Speicher muß weiterhin die Informationen zur Bildung aller Anlagen für sämtliche Organe und deren Funktionalität enthalten. Dabei sind die Sinnesorgane mit ihren charakteristischen Rezeptoren, die Organe für alle Stoffwechselprozesse, der Geschlechtsapparat und die Anlagen für Keimzellen der Folgegeneration, der Stützapparat, also Skelett und Haut, die Muskulatur und schließlich das Gehirn und die Neuronen gleicherweise wichtig und auf der molekularen Ebene der DNA der Keimzellen informativ festzulegen.

Die in den Punkten 2. und 3. genannten zu speichernden Informationen können für alle Individuen einer bestimmten Art als gleichartig betrachtet werden.

Die Speicherung muß eindeutig, unzerstörbar und von Zelle zu Zelle bzw. von Generation zu Generation übertragbar sein. Zufällig oder durch Störung vorkommende kleine Abweichungen mitteln sich bei der riesigen Zahl von Zellen eines Individuums heraus oder führen zu krankhaften Entartungen. Die für das Lebewesen charakteristische Codierung der DNA-Moleküle liegt in den männlichen und weiblichen Keimzellen vor und wird in den Chromosomen bei der geschlechtlichen Fortpflanzung auf die nächste Generation übertragen (Transport der Erbinformation). Während der Embryonalentwicklung tritt in der biologischen Wirksamkeit eine Differenzierung des in allen Zellen enthaltenen genotypischen Speichers ein. Die Zellen entwickeln sich zu spezifischen Organzellen und benötigen dann nicht mehr alle in ihnen gespeicherten Informationen, die in bestimmten lokalisierten Chromosomenabschnitten festgelegten Erbanlagen werden inaktiviert. Sie verhalten sich so, als seien sie nicht vorhanden.

Man bezeichnet Chromosomenabschnitte, die während der Embryonalentwicklung und später die Übertragungsfähigkeit ihres Informationsinhaltes auf andere Zellen behalten, als heterochromatisch. Aus diesen bilden sich die Keimzellen für die spätere Generation.

Der überwiegende Teil der Zellen jedoch wird in bestimmte Organe eingebaut. Dort haben die Zellen bestimmte Funktionen zu erfüllen. Man bezeichnet diese als euchromatisch. Sie verlieren die Fähigkeit, Zellen anderer Funktionalität zu bilden. Mit wachsender Komplexibilität und wachsendem Alter des Individuums schwindet die Fähigkeit zur Regeneration. Die Begriffe heterochromatisch und euchromatisch bezeichnen unterschiedliche physiologische Situationen, aber keine neuen Strukturen. Daß sich eine Leberzelle in Bau und Funktion beträchtlich von einer Nerven- oder Knochenzelle unterscheidet, ergibt sich aus dem unterschiedlichen Grad der Euchromatisierung des gleichen Genoms, also des gleichen Chromosomensatzes. Es ist ebenfalls möglich, daß genetisch gesteuerte, die Genaktivität auslösende oder hemmende Faktoren hierbei eine Rolle spielen.

Alle Organzellen, seien sie aus der Haut, aus der Speicheldrüse, aus dem Gehirn, aus der Niere oder aus der Netzhaut, tragen grundsätzlich alle Potenzen des Gesamtorganismus in ihrem Genom, besitzen also den vollen Informationsinhalt der aus der Verschmelzung der beiden elterlichen Keimzellen hervorgegangenen Zygote.

Da in jeder einzelnen Zelle der volle Informationsschatz vorhanden ist, kann man durch Teilung beim Verbleib heterochromatischer Zellen in den Einzelteilen und bei Erhaltung der Regenerationsfähigkeit aus einzelnen Zellen Einzelindividuen züchten. Das gelang H. DRIESCH [21] durch Teilung von Seeigeleiern.

Fassen wir zusammen: Der genotypische Informationsschatz ist die Gesamtheit aller ein Lebewesen bildenden und in jeder Keimzelle enthaltenen Informationen. Ein Teil davon beinhaltet die mögliche Populationsbreite einer Art, ein anderer enthält alle lebenswichtigen Funktionen und Organanlagen. Die Information ist mit materiellen Speichern in Form von Makromolekülen gekoppelt.

7.2. Erworbene Informationen, Gedächtnis [19, 51, 82, 109, 120, 122]

Einen wesentlich kleineren Umfang als der genotypische Informationsschatz hat der während des Lebens gesammelte und das Gedächtnis bildende Erfahrungsschatz.

Bei der Beurteilung der Speicherfähigkeit wird der Begriff bit in einem verallgemeinerten Sinn gebraucht. Es wird nämlich einem einzelnen Begriff der Informationswert von einem bit zugeordnet. Würde man definitionsgemäß einem Wort von acht Buchstaben einen Informationswert von $\log_2 25 \cdot 8 = 4{,}64 \cdot 8 \approx 35$ bit zuordnen, kommt man zu höheren Zahlenwerten. Man unterscheidet Gegenwartsgedächtnis, Kurzzeitgedächtnis und Langzeitgedächtnis. [122] Das erstere speichert Informationen für wenige Minuten, wobei die Geschwindigkeit der Reizaufnahme, d. h. die Zugriffszeit, also die Zeit bis zum Bewußtwerden der Information, und die Verarbeitung Bruchteile einer

Sekunde betragen. Vorgänge, die im Kurzzeitgedächtnis gespeichert sind werden sehr schnell vergessen. Man kann vermuten, daß alle Eindrücke erst im Kurzzeitgedächtnis verankert werden, wobei eine Zuwachsrate bis zu etwa 1 bit/s besteht. Gehirntraumen (Erschütterungen), fieberhafte Erkrankungen und zerebrale Störungen führen zu einer Entartung des Kurzzeitgedächtnisses (Merkschwäche, Amnesie).

Die Fixierung im Langzeitgedächtnis erfolgt über Jahre und ist durch mechanische Schäden, z. B. Erschütterungen, nicht zu löschen. Es handelt sich dabei um einen chemisch festgelegten Speichervorgang im molekularen Bereich.

Setzt man für jeden in das Langzeitgedächtnis übermittelten Begriff einen Informationswert von 1 bit an und nimmt man an, daß bei täglich zehn Stunden Lernzeit 1800 neue Begriffe gespeichert werden, so sind das in 60 Jahren maximal $40 \cdot 10^6$ Begriffe. Dieser optimale Lernprozeß wird aber nie erreicht, so daß eine Gedächtniseinspeicherung von 10^6 bit der Wahrheit näherkommen dürfte. [114] Natürlich kann man durch Bildung von Assoziationen und Kombinationen diese 10^6 Grundbegriffe des Erfahrungsschatzes wesentlich erweitern. Die Informationsaufnahme in das aus etwa $1{,}5 \cdot 10^{11}$ Neuronen bestehende Gehirn des Menschen wird durch folgende Übersicht erläutert:

	Gegenwartsgedächtnis	Kurzzeitgedächtnis	Langzeitgedächtnis
Speicherkapazität in bit	150	1500	10^6 bis 10^7
Zuflußrate bit/s	15	0,5	0,05
Einspeicherzeit	Sekunden	20 min	Tage
Informationsbestand	Minuten	Tage	Jahrzehnte
Speicherung erfolgt in	Synapsen	Membranen und Netzwerken	Proteinbildung

Die Speicherung von Informationen ist mit einer erheblichen Datenreduzierung verknüpft. Von den 10^6 bit an Informationen, die beispielsweise in einer Sekunde auf einen Bildschirm eines Fernsehapparates erzeugt werden, gelangen 10 bis 20 bit in das Bewußtsein. Die Nachrichten werden dabei den Enden der jeweiligen Nervenabschnitte (Synapsen) zugeleitet. Die Nerven enthalten zahlreiche Synapsen, wobei das menschliche Nervensystem wiederum aus vielen Millionen einzelner Nervenfasern besteht. [12, 24, 37, 57] (Abb. 19.) In den Arbeiten von Hodgkin [43] und Huxley [50] wird die Nervenleitung als wellenartig sich ausbreitende Depolarisation gedeutet. Dabei wird ein normalerweise bestehender elektronegativer Zustand der Nervenfaser (des

Neuriten) für jeweils etwa eine Millisekunde aufgehoben (Depolarisation). Es entstehen Impulsfolgen (Spikes), deren Zahl jeweils die Stärke des Nervenreizes ausdrückt. Mehrere hundert Spikes kommen je Sekunde vor. Die elektrische Depolarisation bildet sich durch eine aktive Diffusion von Na-Ionen durch die Membranen an der Oberfläche der Nervenzelle bei Reizung. Das Aktionspotential erreicht dabei sehr kurzzeitig den Wert Null.

Die Impulse pflanzen sich mit der Geschwindigkeit von etwa 100 m/s längs des zu einem Meter langen Neuriten fort, wobei das Aktionspotential, das im Ruhezustand —60 mV beträgt, kurzzeitig positive Werte annehmen kann.

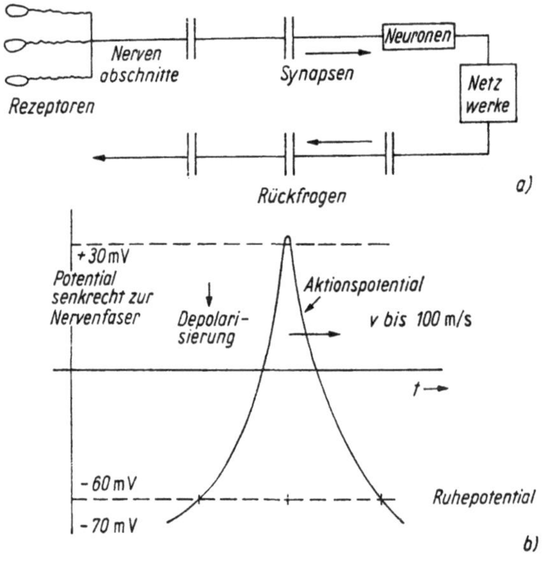

Abb. 19. Modellvorstellungen zur Übertragung von Informationen längs der Nerven. a) Schaltschema, b) Aktionspotentiale

Neben der aktiven Reizung hat die gegenteilige Erregung (Hemmung) für die Nervenleitung eine gleichartige Bedeutung.

Eine umgekehrte Richtung der Diffusion wird für die K- und Cl-Ionen beobachtet, was zu einer Anreicherung von Kalium außerhalb des Neurons führt.

Neben der rein elektrischen Übertragung der Potentiale über die Synapsen (elektrische Kondensatoren) (Abb. 19) erfolgt ein chemischer Potentialaustausch. Dabei spielt das Acetylcholin eine erhebliche Rolle. Die gleichzeitige Diffusion Na^+-, K^+- und Cl^--Ionen durch die Membranen entgegen dem natürlichen Konzentrationsgefälle geschieht als aktive Diffusion unter Mithilfe von ATP-ADP.

Durch diese zusätzliche Energielieferung (Pumpmechanismus) wird die dabei auftretende Entropieveränderung gedeckt (siehe Kapitel 5.). In der Zentrale des Nervensystems (dem Gehirn) sind zahlreiche durch Synapsen gekennzeichnete Verbindungen der Neuronen zu Schaltkreisen vereinigt. Bei der Erregung, d. h., bei der Ausbildung von Aktionspotentialen, können sich zahllose Verbindungsmöglichkeiten bilden, vergleichbar der Schaltung von Transistoren in Durchlaß- und Sperrichtung. Die Zahl der möglichen Schaltungen ist unermeßlich groß, sind doch mehr als eine Milliarde Schaltstellen dabei im Spiel. Die Schaltvorgänge sind die materiellen Grundlagen der Denkprozesse. Neben Informationsaufnahme und -verarbeitung sind hierbei alle Steuerungen des Bewegungsapparates (Motorik), des Gefühllebens (Sensorik), der Lebenserhaltung und der Stoffwechselvorgänge einzuschließen. Bestehende Schaltverbindungen verschwinden bei der Änderung der elektrischen Polarisation der Synapsen oder leiten eine Konsolidierungsphase ein. Es kommt dann zu einer dauernden Speicherung im Langzeitgedächtnis, wobei chemische Prozesse in den Ganglienzellen maßgebend sind. Man vermutet (Zilliken und Abdallah [122]), daß die sich bildenden Proteinmoleküle bestimmte Synapsen aktivieren. Auch hier ist das Zusammenspiel von DNA und Proteinmolekülen anzunehmen.

Während das Kurzzeitgedächtnis mit der Polarisation von Synapsen und der Bildung von Schaltkreisen einhergeht, ist das Langzeitgedächtnis mit der Synthese bestimmter Proteinmoleküle verknüpft, die beliebig lange ihre „Abrufbarkeit" behalten. In neueren Arbeiten [109] wird außerdem auf die Rolle der Lipoidmoleküle bei Lernprozessen hingewiesen. Auch ist die Anlagerung von Molekülteilen an schon vorhandene Speichermoleküle möglich. Es wird dabei eine chemische Verknüpfung mit dem bereits materiell fixierten Erfahrungsschatz erreicht. Hinzuweisen ist ebenfalls auf die Gedächtnisbildung unter Zugrundelegung eines logarithmischen Abbildungsmaßstabes in bezug auf Zeit-, Ort- und Sinneseindrücke. Vermutlich erfolgt dabei keine lokalisierte Speicherung an nur einer Stelle, sondern eine Mehrfachspeicherung an verschiedenen Stellen im Gehirn. Die Erinnerung an ein Ereignis bzw. eine eingespeicherte Information wird als Engramm bezeichnet. Wir fassen die zur Zeit maßgebenden Vorstellungen über die Informationsaufnahme in einem Schema zusammen (Tabelle 6).

Die hier besprochenen und durch Experimente erhärteten Ergebnisse der biologischen Speicherung im Nervensystem werden durch grundlegende Überlegungen anderer Autoren ergänzt. [67, 68] So spricht Lorente de No [66] von einer Modifikation von Makromolekülen, während Fuchs-Kittowski [32] Argumente für eine Speicherung auf einer höheren Ebene ins Spiel bringt.

Hassenstein [41] entwickelte die Vorstellung über Bildung von Lernmatrizen, bei denen jeweils zwei sich kreuzende Fasern oder in Synapsen vereinigte Leitungen erregt werden. Es entsteht die bekannte „Und-Verknüpfung". Dieser Mechanismus stimmt mit der technischen Speicherung in Ferritkernspeichern überein. Eine lockere Speicherung im Langzeitgedächtnis, etwa durch Wasserstoffbrückenbindung ist unwahrscheinlich, da diese bereits durch thermische molekulare Schwingungen zerstört werden kann, was sehr schnell zum Vergessen führen würde.

Tabelle 6. Informationsaufnahme

Sinnesorgane →	Codierung →	Bildung molekularer Verknüpfungen →	Auslösung von Protein-DNA-Reaktionen
von außen einwirkende Reize Erregung von Rezeptoren	Bildung elektrischer Potentiale von einigen mV, die sich durch Nervenbahnen mit der Geschwindigkeit von ca. 100 m/s fortpflanzen.	Netzwerke Kurzzeitgedächtnis	willkürliche oder unwillkürliche wiederholte Eingabe, Langzeitgedächtnis Bildung von DNA-Proteinkomplexen Lernen
	In Synapsen (Leitungsunterbrechungen) kommt es zu kurzzeitigen elektrischen Reizspeicherungen	Denken	

Trotzdem hat eine lockere Speicherung gewisse Vorteile. So erlaubt eine Netzwerkspeicherung einen schnellen Abbau der kurz vorher aufgenommenen Eindrücke, also ein rasches Vergessen von Belanglosigkeiten unmittelbar nach der Registrierung durch die Sinnesorgane. Eine solche lockere Speicherung, die einer schwachen chemischen Bindung konform ist, kann manifest werden, wenn ein bestimmter Wille dazu vorhanden ist. Das Lernen besteht also nicht nur in der bewußten Aufnahme von Informationen, sondern sehr wesentlich in der chemischen Fixierung derselben. Erlebt man eine Kette unwesentlicher Ereignisse, z. B.: ein Radfahrer beachtet nicht die Vorfahrt, kreuzt gedankenlos eine Straße und fährt dann auf der falschen Straßenseite weiter, so wird man diesen Vorgang im allgemeinen schon nach wenigen Minuten vergessen haben. Resultiert aber daraus ein Unfall, so kann man sich als Zeuge sehr gut an alle dem Unfall vorausgegangenen und nun nicht mehr nebensächlichen

Ereignisse erinnern. Diese zur Zeit des Unfalls noch locker gespeicherten Vorgänge werden, indem man schlagartig ihre Wichtigkeit erkennt, im Langzeitgedächtnis fixiert. Es müssen bei diesem psychologischen Prozeß analoge makromolekulare Vorgänge existieren.

In der Technik wird eine ähnliche Registrierung bei einigen selbstschreibenden Geräten benutzt. Diese sind ständig in Betrieb. Die Ereignisse werden auf einer Walze aufgezeichnet und nach jeder Umdrehung gelöscht. Nur wenn bemerkenswerte Ereignisse eintreten, werden die Registrierungen von der Walze auf ein Papierband übertragen, und zwar auch diejenigen, die dem interessierenden Vorkommnis vorausgegangen und noch auf der Walze gespeichert sind.

Eine weitere Erfahrungstatsache muß ebenfalls auf molekulare Prozesse reduziert werden: Im Laufe des Lebens werden bei Degeneration der Neuronen später hinzugelernte Erkenntnisse abgebaut und vergessen. Der Altbesitz aber bleibt erhalten. Das spricht für eine Speicherung durch Anlagerung und einen eventuell sukzessiven Abbau der speichernden Makromoleküle vom Ende her. Es ist anzunehmen, daß mit wachsender Erkenntnis der Speichervorgänge in den Neuronen und der Bildung neuer Verknüpfungen bei besonderer Beteiligung der Synapsen das „Lernen“ besser vom physikalisch-chemischen Standpunkt aus gedeutet werden kann.

Die chemische Änderung der Neuronen bzw. der Membranen bzw. die Änderung der Polarisation derselben sind die materiellen Komponenten des Denkens. Das „Sicherinnern“ und die Reproduktion unseres Wissens bedeutet Kontaktaufnahme unseres Bewußtseins mit dem Speicher der erworbenen Informationen. Die Herstellung dieser „Verbindung“ benötigt manchmal längere Denkpausen oder Anstöße von außen. Chemisch gespeicherte Informationen werden im allgemeinen nicht vergessen. So ist man erstaunt, wie viele Sprachinformationen noch vorhanden sind, wenn man eine in der Jugend erlernte Fremdsprache im Alter plötzlich benötigt. Im Laufe des Lebens schwindet allmählich die Möglichkeit der Übertragung aus dem Kurzzeitspeicher in den Langzeitspeicher. Die chemische Fixierung erworbener Kenntnisse wird schwieriger. Man spricht von einer Merkschwäche. Es werden zwar noch viele Ereignisse wahrgenommen, aber nur noch zum Teil chemisch fixiert. Die Zeit scheint schneller zu verstreichen. Sprachen- und Faktenwissen sollten deshalb so früh wie möglich erworben werden, richtiges logisches Denken lernt man später.

Zur Aufnahme von Informationen dienen alle mit der Umwelt in Kontakt zu bringenden Lebensprozesse, insbesondere aber die Funktionen der Sinnesorgane, die bei den verschiedenen Organismen einen unterschiedlichen Entwicklungsgrad in bezug auf Empfindlichkeit, Auflösungsvermögen und Reaktionsgeschwindigkeit besitzen.

Informationen erhalten aber auch die einzelnen Zellen, wobei chemische Informationsträger, osmotischer Druck, Wasserstoffionenkonzentrationsträger, elektrochemische Potentiale, Wirkstoffe, z. B. Vitamine, große Bedeutung haben. [105]

Auch für die Übermittlung von Nachrichten längs der Nervenbahnen können Kettenmoleküle wirksam werden. Wir nennen dazu folgende Mechanismen:

1. Man kann einen reinen Elektronentransport, also die Fortleitung eines Ionenzustandes längs des Moleküls, annehmen. Diese Elektronenplatzwechsel werden durch äußere Felder vom Molekülende her initiiert. Sie entsprechen dem oben besprochenen Mechanismus (Abb. 20a)).
2. Möglich sind auch Umlagerungen freier Radikale längs eines Kettenmoleküls. Das würde jeweils den Austausch eines Atoms oder einer Seitengruppe erfordern (Abb. 20b)).
3. Schließlich sind $\sigma \leftrightarrow \pi$-$\sigma$-Bindungen längs der Ketten austauschbar. Neben jeweils zwei Elektronenplatzwechseln würden bei diesem Prozeß auch noch Seitengruppen ihre Plätze tauschen (Abb. 20c)).

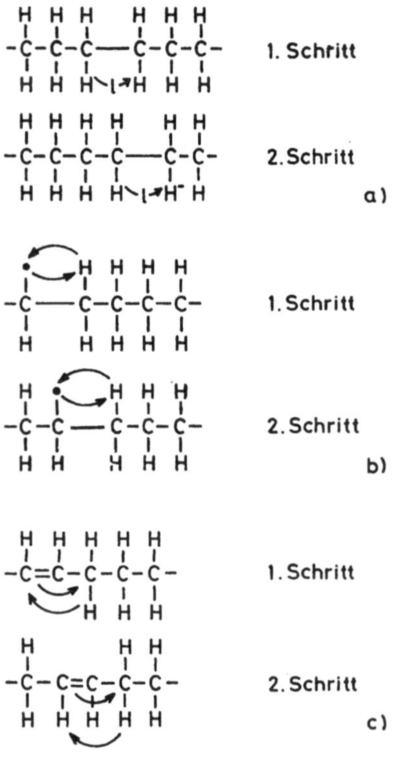

Abb. 20. Mögliche Informationsübertragungen längs der Makromoleküle. a) Elektronenaustausch, (an der Stelle 1 erfolgt ein Elektronenplatzwechsel), b) Wanderung freier Radiale, c) $\sigma \rightarrow \pi$-σ-Austausch, verbunden mit gegenläufigem H-Austausch

In allen drei Fällen treten längs des Moleküls chemische Änderungen ein, die zum Transport von Informationen dienen können. Im biologischen Geschehen hat offenbar der Fall 1. die größte Bedeutung.

Der erworbene Erfahrungsschatz bildet unsere Persönlichkeit, unser „Ich". Wir identifizieren uns mit dem geistigen Inhalt unserer Erfahrungswelt und wünschen, daß dieser unser Wesen bildende, mit dem Bewußtsein koordinierte Speicher solange wie möglich erhalten bleibt. Wir wollen möglichst lange leben und viel erleben. Dabei ist der Medizin eine sehr beträchtliche Verlängerung des Lebens gelungen. Noch am Anfang unseres Jahrhunderts betrug die mittlere Lebenserwartung in Europa 40 Jahre, jetzt sind es 65 bis 70 Jahre. Der Begriff Lebensalter ist noch etwas zu differenzieren. Man kann drei unterschiedliche Altersangaben festlegen:

1. Das kalendermäßige Alter, maßgebend für alle Terminangaben des bürgerlichen Lebens.
2. Das Alter der Gefäße und Organe, ausgedrückt durch einen prozentualen Abnutzungsgrad. Das ist eine im genotypischen Erbschatz mit vorgezeichnete Größe, aber nicht die Angabe eines Zeitabschnittes im herkömmlichen Sinne.
3. Das Erlebensalter, das im folgenden erläutert wird.

Unsere Umwelt liefert uns an Informationen bis zu 10^5 bit/s. Davon werden ca. 15 bit/s von den Sinnesorganen aufgenommen, bis zu 3 bit/s im Kurzzeitgedächtnis verankert und weniger als eine Information in das Langzeitgedächtnis überführt. Das wesentlichste Kennzeichen unserer Zeit ist die Steigerung der von der Umwelt gelieferten Informationsrate. Unsere Erlebensgeschwindigkeit ist sehr stark angewachsen. Wir sind schneller geworden in der persönlichen Entwicklung (zeitigere Pubertät), schneller geworden im Lernen, wir bewegen uns rascher (Kraftfahrzeuge, Flugzeuge), wir wechseln unser Milieu, unseren Bekanntenkreis und unsere berufliche Sphäre. Wir werden mit Erlebnissen von außen und innen überfüttert. Noch nie haben die Menschen in einer Generation so viel erlebt wie wir. Was früher ein seltenes Ereignis war, ist jetzt zur Selbstverständlichkeit geworden. Wir gehen nicht fehl, wenn wir für die letzten 60 Jahre eine durchschnittliche Verdoppelung der Erlebensgeschwindigkeit aller 15 Jahre annehmen, so daß wir in unserem Leben einen Erfahrungsschatz aufnehmen, der noch vor zwei bis drei Generationen einem Lebensalter von 300 Jahren entsprochen hätte. Diese Steigerung der Erlebensgeschwindigkeit nähert sich gegenwärtig einer Sättigung, stellt aber das beeindruckendste Merkmal unseres Industriezeitalters dar. Durch die Zeitraffung verlängert sich unser Leben viel stärker als durch alle Erfolge der Medizin.

Wir haben nachzuweisen versucht, daß bewußtes Erleben und das Speichern von Erfahrungen mit molekularen Umlagerungen verknüpft ist. Dabei sind zwischen den die einzelnen Zustände kennzeichnenden Konformationen bestimmte Barrieren ΔU zu überwinden. Beim Denken und Speichern im Kurzzeitgedächtnis dürfte es sich um reversible Umlagerungen handeln. Die Umlagerungsgeschwindigkeit hängt über die bekannte ARRHENIUS-Gleichung $W = kT/h \exp - \Delta U/kT$ von der Temperatur ab. Der Faktor kT/h vor der Exponentialfunktion beträgt etwa 10^{13}. Dasselbe gilt für die chemischen Reaktionen, die das Leben charakterisieren. Deshalb bedeutete die Entwicklung von Warmblütern eine erhebliche Zunahme der Lebensaktivität. Reptilien und Lurche z. B. sind im hellen Sonnenschein und bei hohen Außentemperaturen aktiv, aber nahezu erstarrt bei tiefen Temperaturen. Vögel haben eine hohe Fortbewegungsgeschwindigkeit; sie müssen bei plötzlich eintretenden Störungen schneller reagieren. Ihre normale Körpertemperatur liegt bei 39 °C. Die Abwehr von Krankheiten erfordert gleichfalls eine größere Aktivität der körpereigenen Abwehrreaktionen. Man kann deshalb annehmen, daß Fieber vorrangig einen schnelleren Verlauf der lebenserhaltenden chemischen Prozesse anregt. Es gibt dafür jedoch eine Grenztemperatur oberhalb 42 °C. Danach tritt Denaturierung der Proteine ein.

7.3. Unterschiede und Gemeinsamkeiten biologischer Speichersysteme

Nach dieser kurzen, nicht erschöpfenden, aber zum Verständnis der folgenden Kapitel notwendigen Darstellung des genotypischen Speichers und der Gedächtnisbildung sollen abschließend Unterschiede und Gemeinsamkeiten beider Speichersysteme erörtert werden.

1. Ein markanter Unterschied zwischen neuralem und genotypischem Speicher liegt in der schnelleren Zugriffszeit und größeren Zahl an unabhängigen Informationen des ersten. Der neurale Speicher (Gehirn) ist aber auch durch ein größeres Volumen bzw. eine größere Masse gegenüber dem genotypischen Speicher (Keimzelle) ausgezeichnet.

2. Der genotypische Speicher überträgt bei gleichem molekularen Bau alle lebensnotwendigen Informationen von Generation zu Generation. Er bleibt dabei in bezug auf molekulare Struktur und Größe weitgehend erhalten. Alle Lebewesen haben gleiche Grundinformationen gespeichert (Regelung der Lebensvorgänge, biochemische Prozesse, Erhaltung thermodynamischer Ungleichgewichte (dissipative Systeme), Autokatalyse, Selbstreproduktion). Für die geschichtliche Entwicklung des genotypischen Speichers wird eine Zeit von etwa 10^{17} s, das sind über eine Milliarde Jahre, angenommen. Von Generation zu Generation kommen nur wenige neue Informationen hinzu. Die Menschen vor 10000 Jahren waren in ihrem genotypischen Erscheinungsbild den heutigen nahezu gleich. Die Vervollkommnung dieses Speichers (Evolution) ist ein sehr langsamer Prozeß.

3. Das im Laufe unseres Lebens erworbene Gedächtnis, d. h. unser Erfahrungsschatz, wird sehr schnell erweitert. Die Zahl der je Zeiteinheit unsere

Sinnesorgane erregenden Umwelteindrücke bildet unsere Erlebensgeschwindigkeit. Der neurale Speicher endet mit dem Tode und erreicht beim Menschen je nach Lebensdauer einen Informationsinhalt von etwa 10^6 bis 10^7 bit.

Wir können jedoch unsere Erfahrungen auf technische Speicher übertragen, also Bücher schreiben, oder Magnetofonbänder besprechen. Diese werden uns überleben, wir selber aber werden mit dem Abnutzungsgrad 100% oder schon vorher zugrunde gehen.

4. Es ist nicht möglich, erworbene Informationen im genotypischen Speicher zu fixieren. Erfahrungen gelangen in das Gedächtnis, d. h., in den neuralen Speicher, werden aber niemals vererbt. Das Gedächtnis ist eine dem Individuum zugeordnete Qualität. Eine Vererbung von Erfahrungsgrößen gibt es nicht.

5. Es gibt zahlreiche gleichartige lebenswichtige Informationen, die entweder im genotypischen oder im neuralen Speicher verankert sein können. So ist festzustellen, daß manche vom Menschen oder von einzelnen Tieren erst zu erlernende Fähigkeiten bei anderen Tieren schon angeboren sind. Man nennt diese dann Instinkthandlungen. Die neu geborene Gemse springt im Gebirge wie die Mutter. Der Mensch erlernt erst mühsam das Laufen. Der Biene sind alle Tätigkeitsmerkmale angeboren (Wabenbau, Brutpflege, wechselseitige Verständigung, Bienentanz). Die instinktmäßigen Handlungen verblüffen häufig durch ihre Vielgestaltigkeit und Zweckmäßigkeit. Durch äußere Reize und Gefahren sind sie kaum beeinflußbar. Sie führen zu einem uhrwerksmäßig ablaufenden, d. h., zu einem letzten Endes erlebnisarmen Leben.

Bei den Tieren treten im Laufe des Lebens zu den genotypisch verankerten Trieben und Instinkthandlungen vergleichsweise wenige im Gedächtnis zu speichernde Erfahrungswerte hinzu. Daß die Tiere auch erworbene Informationen speichern können, also ein Gedächtnis haben, beweisen die Arbeiten von Pawlow [78] sowie die allgemein bekannten Dressurleistungen, besonders der Warmblüter. Die Speicherung des Erfahrungsschatzes im Gedächtnis führt letzten Endes zur Willensfreiheit und Entscheidungsfreiheit des Menschen.

Alle lebensnotwendigen Handlungen, die zum Überleben der Art erforderlich sind und für die neugeborene Lebewesen keine Erfahrungen sammeln können, sind genotypisch gespeichert. Das gilt auch für den Menschen. Mit fortschreitender Evolution und sich entwickelnder Möglichkeit der Betreuung und „Belehrung" der Nachkommen sinkt der Anteil der genotypisch fixierten Instinkthandlungen. Dabei nimmt mit einer Weiterentwicklung die Zahl der durch den neuralen Speicher angeregten Handlungen zu, während Handlungen, angeregt durch den genotypischen Speicher, abnehmen. In dem Maße, wie das Leben durch erworbene und im Gedächtnis gespeicherte Erfahrungen gelenkt wird, gestaltet es sich vielfältiger und abwechslungsreicher. Zusammenfassend werden in Tabelle 7 die Kennzeichen der biologischen Speicher aufgeführt.

Tabelle 7. Kennzeichen der biologischen Speicher (ungefähre Richtwerte)

Art des Speichers	Bildungszeit	Speicherkapazität	Zugriffszeit	Löschzeit	Bemerkungen
1. Genotypischer Speicher					
Speicher für biologische Grundinformationen	ca. $3 \cdot 10^{16}$ s	10^8 bit	Der genotypische Speicher aller Lebewesen bildete sich sehr allmählich während der Erdgeschichte. Die Übertragung der Information auf die biologische Funktion erfolgt sehr schnell.		Teile des genotypischen Speichers verschwanden mit dem Aussterben einzelner Tier- und Pflanzenarten. Der individuelle, genotypische Speicher erlischt mit dem Tode des Trägers; sein Informationsinhalt wird durch die geschlechtliche Fortpflanzung an die Folgegeneration übertragen.
nicht artspezifischer Speicher, z. B. Säugetier	ca. $3 \cdot 10^{15}$ s	10^9 bit			
artspezifische Speicher, z. B. Mensch	ca. 10^{12} s	10^{10} bit			
individuumspezifische Speicher (Embryonalentwicklung)	ca. $2 \cdot 10^9$ s	10^{11} bit			
2. Neuraler Speicher (Gedächtnis)					
Kurzzeitgedächtnis	1 s	10^4 bit	10^{-1} s	10^5 s	
Langzeitgedächtnis	10^{11} s	10^7 bit	10^{-1} s	10^{10} s	

7.4. Speichermöglichkeiten in biologischen Makromolekülen und deren Berechnung

Vom Standpunkt der Physik der Makromoleküle aus ist die Frage nach der Möglichkeit, 10^{12} bit an Informationen in molekularen Dimensionen zu speichern, von besonderem Interesse und soll hier etwas näher erörtert werden.

Jedes Nucleotid ist durch eine der vier Seitengruppen Adenin (A), Cytosin (C), Guanin (G) oder Thymin (T) gekennzeichnet. Es gibt vier verschiedene monomere Nucleotide und $4^2 = 16$ verschiedene Diaden, nämlich AA, AC, AG, AT, CA, CC, CG, CT, GA, GC, GG, GT, TA, TC, TG, TT.

Für $n = 500$ sind das 4^{500}, also etwa 10^{300} chemisch verschiedene DNA-Moleküle. Das Weltall würde nicht ausreichen, um diese unterschiedlichen DNA-Moleküle aus je 500 Grundmolekülen aufzunehmen. Es gibt also so viele chemisch verschiedene Biomoleküle, daß man — abgesehen von eineiigen Zwillingen und durch Sprossung bzw. Parthogenese entstandenen Lebewesen — behaupten kann: Noch niemals haben auf unserer Erde zwei durch normale geschlechtliche Fortpflanzung entstandene Individuen gelebt, deren polymere DNA-Moleküle chemisch identisch waren. Das gilt auch für die mit diesen korrelierenden Proteine.

Auf welche Weise kann man, indem man diese Riesenzahl von möglichen, chemisch unterschiedlichen Makromolekülen ausnutzt, maximal viele Informationen speichern?

Man muß zwischen abhängigen und unabhängigen Informationen unterscheiden. Bei abhängiger Information besteht die Möglichkeit, mehrere gekoppelte Informationsinhalte durch ein Signal zu speichern oder zu übertragen. Abhängig sind also gekoppelte Vorgänge, die stets zusammen auftreten und nur in ihrer Ganzheit biologisch sinnvoll sind. So sind Vorgänge wie Fotosynthese, Zellatmung usw. aus einer Vielzahl gleichzeitig ablaufender Vorgänge gebildet. Es genügt also zur Übertragung eines solchen „chemischen Programms" auf eine folgende Generation, etwa im Samenkorn einer Pflanze, eine geringe Zahl von unabhängigen Mitteilungen, die mit zahlreichen abhängigen Informationen verbunden sind. In anderen Fällen sind scheinbar ganz andere unabhängige Merkmale miteinander genotypisch in Wechselwirkung. So haben die Albinos weiße Hautfarbe, rote Augen und typische andere Kennzeichen. Bei vielen Erbkrankheiten treten verschiedene Organstörungen gleichzeitig auf, ein Zeichen, daß deren Bildung auf der Vielfachausnutzung bestimmter Speichermöglichkeiten beruht.

Besteht ein Speicher aus n^2 Elementen, z. B. einer quadratischen Matrix aus n Zeilen und n Spalten mit dem jeweiligen Informationsinhalt a bit/Speicherelement, so kann dieser zur unabhängigen Speicherung von n^2a bit dienen. Dabei ist a in der DNA der Informationswert in bit pro Purin- oder Pyrimidinbase. Bei der DNA hat jede der vier möglichen Basen A, C, G und T den Informationswert 2 bit, wenn gleichzeitig die Stellung im Molekül vom Anfang an oder von einer Startstelle an mit angegeben wird. Ein gleichartiges Proteinmolekül mit n Aminosäureresten hat die Speicherkapazität $n \log_2 20 = 4{,}32n$ bit/Proteinmolekül für voneinander unabhängige Informationen. Man beobachtet maximale Molekullängen von $n = 10^9$ Nucleotiden, hat dann also maximale Speicherkapazitäten von 2^9 bit/DNA-Molekül. Bei korrelierenden Proteinmolekülen vom Polymerisationsgrad $\frac{n}{3} \approx 10^9/3$ würde man $4{,}32/3 \cdot 10^9 = 1{,}44 \cdot 10^9$ bit pro Molekül erhalten. Die Informationen sind voneinander unabhängig.

Hat man Z Informationen gespeichert und sind alle Elemente in bezug auf Reihenfolge und wechselseitige räumliche Verknüpfung festgelegt, so verlangt jede neue unabhängige Information ein neues Element. Jede neue Inanspruchnahme der schon vorhandenen Speicherelemente würde nämlich eine der Z alten Informationen wegen der dann notwendigen Umlagerungen beeinflussen.

So könnte eine Adeningruppe in einem DNA-Molekül z. B. an 743. Stelle die Hautfarbe des Trägers dieser DNA festlegen. Das Abfragen der Sequenzen über ein so langes Molekül führt zu falschen Ergebnissen, wenn auch nur an einer Stelle ein Abfragefehler, etwa die Auslassung einer Basengruppe, erfolgt. Da wegen des Codes der DNA-Proteinzuordnung in einem solchen Fall auch falsche Enzyme synthetisiert würden, sind die Folgen unausdenkbar. Auf solche Fehlermöglichkeiten beim Abfragen eines Moleküls längs des Stranges weist z. B. auch F. Jung in einer grundlegenden Veröffentlichung hin. [54]

Zusätzlich lassen sich in einem ganz bestimmten DNA-Molekül zahlreiche abhängige Informationen speichern. Durch die Festlegung der Reihenfolge, z. B. ACCTGAAGGA, sind auch alle nacheinander angeordneten Diaden AC, CC, CT usw. festgelegt. Desgleichen alle Triaden ACC, CCT, CTG, TGA usw. Im ganzen gibt es $n(n-1)/2$ Diaden, $n(n-1)(n-2)/6$ Triaden usw.

Wie sich leicht zeigen läßt, sind das im ganzen 2^n Polyaden. Bei 500 Gruppen A, C, C, T, G usw. ergibt das 10^{150} abhängig gespeicherte Informationen. Diese übersteigen die Zahl n der unabhängig gespeicherten Informationen in unvorstellbarem Maße. Wegen der genannten leichten Möglichkeit von Ablesefehlern haben wahrscheinlich die bisher besprochenen Speicheranordnungen im biologischen Geschehen nur eine geringe Bedeutung.

Weniger fehlerbehaftet und eindeutiger ist die Speicherung in charakteristischen Sequenzen (Polyaden) der durch Adenin, Cytosin, Guanin und Thymin markierten Nucleotide. Zunächst können den vier Seitengruppen A, C, G und T bzw. den 20 verschiedenen Aminosäuren ebenfalls je eine Information zugeordnet werden. Weitere Informationen beinhalten die n^2 Kombinationen AA, AC, AG, AT, CA, CC, CG, CT, GA, GC, GG, GT, TA, TC, TG und TT. Dazu kommen n^3-Triaden AAA, AAC, AAG, AAT usw. Die gesamte Speicherkapazität ergibt sich als Summe einer geometrischen Reihe, nämlich $n + n^2 + n^3 + n^4 + \cdots + n^m$, das ergibt

$$\frac{n^m - 1}{n - 1} \cdot n. \tag{7.1}$$

Es entsteht ein den Polyaden zugeordneter Code. Jede Polyade ADT, GCGAA usw. (einem Wort einer Sprache entsprechend) wäre dann Träger einer biologischen Information.

Dabei sind n die Zahl der verschiedenen Basen bei Aminosäuren, m die mögliche nachbarliche Beeinflussung. Sind $n = 20$ (Eiweiße) und $m = 8$ (Oktaden), d. h., es beeinflussen und erkennen sich jeweils maximal 8 benachbarte Nucleotide bzw. Aminosäuren, so sind $2{,}69 \cdot 10^{10}$ verschiedene, unabhängige Informationen möglich.

Die moderne Hochfrequenzspektroskopie liefert Aussagen über den strukturellen Aufbau von Kettenmolekülen über einige monomere Einheiten hinweg. Maximal könnte man bei sehr vollkommenen Geräten mit diesem Verfahren sechs benachbarte Kohlenstoffatome bzw. Protonen erkennen. Es ist anzunehmen, daß in der Biologie eine ähnliche Grenzempfindlichkeit besteht.

Damit keine Überlappungen eintreten, müssen die einzelnen Polyaden durch eine spezielle Markierung voneinander getrennt sein. Man kann die genannten Speicherprinzipien kombinieren, etwa derart, daß sich in den Chromosomen DNA-Moleküle befinden, die aus p in der Reihenfolge festgelegten und sich beeinflussenden Polyaden bestehen. Jede Polyade baut sich aus maximal m Nucleotiden auf. Der Speicherinhalt berechnet sich dann zu

$$p(n^m - 1)\, n/(n - 1) \text{ bit/Speicherelement}. \tag{7.2}$$

Mit $p = 100$, $n = 4$ (DNA), $m = 8$ findet man $8{,}7 \cdot 10^6$ unabhängige Informationen. Diese Zahl wird noch erheblich größer, wenn man Permutationen der p unterschiedlichen Polyaden zuläßt und jede Permutation wiederum mit einem neuen Informationsinhalt versieht. Diese Art der Speicherung ist der Bildung der menschlichen Sprache analog und in bezug auf Fehlervermeidung und Zahl der Redundanzen optimal. So speichert eine Buchstabenfolge wie das Wort „Streifen“ eine Reihe anderer Begriffe, z. B. Streife, Reifen, Reife, Reif, reif, ei, Ifen (Berg im Allgäu) Fe (Eisen), Re usw. Mehrere Wörter bilden Sätze entsprechend den p genannten Polyaden der DNA. Wort und Buchstabenumstellungen (Permutationen) führen zu unterschiedlichem Informationsinhalt, z. B. Türschloß, Schloßtür, oder: „Darf ich morgen kommen? Ich darf morgen kommen.“

In der Sprache sind bestimmte Buchstabenfolgen wegen Unaussprechlichkeit verpönt oder ausgeschlossen. Andere Buchstabenfolgen bedingen einander. So ist der Buchstabe q in der deutschen Sprache stets mit dem u gekoppelt. Ähnliche Gesetzmäßigkeiten in der Sequenzfolge ACGT in der DNA sind möglich, aber bisher unbekannt. Einzelne Beobachtungen deuten darauf hin, daß sich Sequenzfolgen in einem Strang im benachbarten Strang der DNA spiegeln, z. B.

... AACGCTTA ... (Molekül 1)

... ATTCGCAA ... (Molekül 2).

Spiegelpunkte könnten den Beginn einer Information andeuten. In der menschlichen Sprache werden einzelne Wörter zu einem Satz vereinigt und damit mehrere Informationen miteinander in Beziehung gesetzt. Sätze drücken die Wechselwirkungen zwischen Subjekt und Objekt aus. Sie vermitteln eine unübersehbare Vielzahl von wechselseitigen Beziehungen, Bedingtheiten, Eigenschaften und Tätigkeiten in räumlicher und zeitlicher Hinsicht.

Im biologischen Geschehen sind analoge Verknüpfungen der die Information tragenden Makromoleküle anzunehmen. Die kompliziertesten und räumlich konzentriertesten Speicher sind zweifellos die befruchteten Eizellen. Innerhalb einer einzigen Zelle wird der gesamte genotypische Informationsschatz mit mehr als 10^{11} bit gespeichert. Rechnet man mit einer hundertfachen Speicherung des Genoms (Sicherheitsfaktor 100), so braucht man im ganzen etwa 10^8 Makromoleküle mit einem Gesamtgewicht von etwa 10^{-6} g. Der gesamte molekulare Speicher ist in einem Würfel von 1/100 mm Kantenlänge bequem unterzubringen. Ein großer Teil dieser Informationen muß voneinander unabhängig sein.

7.5. Entropie der Biomoleküle [106]

Thermodynamische Größen beziehen sich jeweils auf ein großes Kollektiv gleichartiger Teilchen, z. B. auf 1 mol, 1 kg, 1 m³. Es erhebt sich die Frage, ob man Überlegungen der Thermodynamik auf ein einzelnes Molekül anwenden kann. Verwendet man die Informationstheorie und den durch diese festgelegten Entropiebegriff [97], so ist das möglich. Wir betrachten einige Beispiele.

1. Beispiel: Ein DNA-Molekül möge N_1 Adenin-, N_2 Cytosin-, N_3 Guanin- und N_4 Thyminbasen enthalten. Ordnen wir die Informationen einer quantitativen Verteilung der Basen zu, unabhängig von der Sequenzfolge im Molekül, so bilden die durch die Anteile N_i/N festgelegten Molekülzahlen die Information beinhaltenden Gruppen. Zu einer bestimmten Basenverteilung für vorgegebene N Nucleotide gehören

$$N!/(N_1!\,N_2!\,N_3!\,N_4!)$$

Moleküle. (Permutation der Basen gibt keine anders gebildeten Moleküle.) Die Wahrscheinlichkeit, daß von den 4^N möglichen Molekülen vom Polymerisationsgrad N ein beliebiges zu den durch vorgegebene N_i festgelegten Anteilen gehört, ist

$$W = \frac{N!}{N_1!\,N_2!\,N_3!\,N_4!\,4^N}. \tag{7.3}$$

Für den natürlichen Logarithmus der Wahrscheinlichkeit findet man

$$\ln W = \ln N! - \sum_i \ln N_i! - N \ln 4.$$

Durch Anwendung der STIRLINGschen Formel entsteht nach einiger Zwischenrechnung

$$\ln W = -N \sum_i N_i/N \cdot \ln (N_i/N) - 3/2 \ln N - N \ln 4$$
$$- 1/2 \sum_i \ln (N_i/N) - 3 \ln \sqrt{2\pi}. \tag{7.4}$$

Setzen wir im Spezialfall $N_1 = N_2 = N_3 = N_4 = N/4$, so gilt

$$\ln W \approx -3/2 \ln N.$$

Der Vergleich mit der SHANNONschen Formel liefert für den Informationsinhalt H mit $W_i = N_i/N$:

$$H \approx \left(-N \sum_i W_i \ln W_i - 3/2 \ln N - N \ln 4\right)\Big/\ln 2 \text{ bit/Molekül} \tag{7.5}$$

bzw. im Spezialfall $N_i/N = 1/4$, $H \approx 3/2 \ln N/\ln 2$ bit/Molekül.
Im ersten Beispiel bestimmen die Anteile N_i/N der einzelnen Basen die miteinander verglichenen molekularen Anordnungen. Die Negentropie steigt mit wachsendem Polymerisationsgrad vergleichsweise langsam.

2. Beispiel: Benutzt man die Sequenzfolge in einem DNA-Molekül als informationsbestimmend, so trägt eins der 4^N möglichen die richtigen Informationen. Die Wahrscheinlichkeit, ein solches anzutreffen, ist 4^{-N}.

Für ein damit über den genetischen Code korreliertes Protein mit $N/3$ Aminosäureresten erhält man entsprechend $W = 20^{-N/3}$. Mit $N = 500$ bedeutet das $4^{-500} \approx 10^{-300}$ für die DNA und $20^{-166} \approx 10^{-200}$ für das Protein. Das sind außerordentlich kleine Wahrscheinlichkeiten. Dazu gehört eine sehr große Negentropie. Die Wahrscheinlichkeit, daß diese Information nicht vorliegt, ist sehr viel größer, nämlich $1 - 1/4^N$. Setzt man diese Ausdrücke in die

SHANNONsche Formel ein, so entsteht

$$H = -\sum_i W_i \frac{\ln W_i}{\ln 2},$$

$$H = -\frac{1}{4^N} \frac{\ln\left(\frac{1}{4}\right)^N}{\ln 2} + \left[1 - \left(\frac{1}{4}\right)^N\right] \frac{\ln\left(1 - \left(\frac{1}{4}\right)^N\right)}{\ln 2}, \tag{7.6}$$

$$H \approx \frac{2N}{4^N}, \qquad H \approx 10^{-300} \quad \text{für} \quad N = 500,$$

d. h., ein polymeres DNA-Molekül mit ganz bestimmter Sequenzfolge hat eine sehr kleine Entropie im Sinne der Informationstheorie, also einen sehr hohen informativen Wert.

Durch die Matrizenpolymerisation erfolgt eine Replikation (Reduplikation) dieses Speichermoleküls ohne Verstoß gegen die Grundgesetze der Thermodynamik. Zur Vervielfachung der betrachteten unwahrscheinlichen Sequenzfolge wird keine freie Energie benötigt. Es reduplieren sich Systeme mit sehr großer Negentropie, d. h., mit großem Informationsinhalt. Die Informationen werden optimal vervielfacht und weitergegeben.

Genauso wie die Entstehung eines Buches, die niemals durch wahlloses Zusammenwerfen von Buchstaben geschieht, sondern nur durch geregelten und entsprechend bestimmten Vorschriften hergestellten Satz der Lettern, muß man sich die Erhaltung und Wiedergabe der thermodynamisch unwahrscheinlichen biologischen Speicher vorstellen. In der Druckmaschine entstehen auf sehr einfache Weise Vervielfachungen des vorgegebenen Schriftsatzes, in den Zellen Replikationen der informativen molekularen Speicher. Dabei wird mit fortschreitender Evolution der genotypische Speicher immer komplizierter, wobei seine Negentropie, d. h. sein Informationsinhalt, von Generation zu Generation wächst.

Die durch Matrizenpolymerisation gebildeten und die Information bewahrenden Makromoleküle können in diesem Zustand auch ohne merkbare Kennzeichen eines aktiven Lebens beharren. Nur Makromoleküle frieren in einem Zustand weitab vom thermodynamischen Gleichgewicht ein und zeigen keine Neigung, in einen anderen, die Information verfälschenden Zustand überzugehen.

Durch Erhitzung, Aufnahme von Quantenstrahlung und Bombardement mit schnellen Teilchen werden Makromoleküle zerstört und ihr Informationsinhalt vernichtet. Behalten sie jedoch ihre Grundinformation, nämlich die Information zur Bildung von Fließgleichgewichten und die Möglichkeit der Selbstreproduktion, so können sie ein biologisches Zeitalter auf einem beliebigen

Planeten, also in einer dem Leben zuträglichen Umgebung einleiten. In dem Büchlein „Unsere Umwelt – ihre Entwicklung und Erhaltung“ [46] werden die Bedingungen für diesen Vorgang dargestellt. Wir kommen auf diese Möglichkeit im Kapitel 11. zurück.

7.6. Fehler bei der Replikation und Translation der Biomoleküle, insbesondere bei der Mitose und Meiose

Neben rein zufällig entstehenden Fehlern bei der Matrizenpolymerisation gibt es Abweichungen und Sequenzumlagerungen der Biomoleküle durch Strahleneinwirkung, lokale Erwärmungen und chemische Reaktionen. Viele der genannten Einwirkungen führen nicht zu einer vollständigen Zerstörung, aber zu einer Strukturänderung oder Entartung der weiterhin zur Replikation gelangenden Biomoleküle. Hier sind besonders Erbkrankheiten, eventuell auch Karzinome zu nennen. Nicht jede Störung eines Moleküls hat eine krankhafte Zellentartung oder gar eine Erbschädigung zur Folge. Es müssen schon gleichartige Beschädigungen vieler benachbarter Moleküle vorliegen.

Um die Purin-Pyrimidin-Verbindung, also die Schloß-Schlüssel-Funktion, bei der Replikation zu stören, sind kleinere Energien erforderlich, als das zum Zerreißen der Biomoleküle notwendig ist. Tertiär- und Quartärstrukturen werden schon durch thermische Schwingungen verändert. Man beobachtet eine Denaturierung der Proteine bei Temperaturen über 42 °C. Die UV-Strahlung der Sonne reicht aus, um Biomoleküle zu zerstören. Es handelt sich hierbei nicht um eine thermische, sondern um eine quantenchemisch zu verstehende Hautreaktion, die bereits bei Zimmertemperatur eintritt. Da die Strahlung an der Körperoberfläche absorbiert wird, wobei sich der Körper beim Menschen durch Bildung von Pigmenten schützt, kommt es nur bei intensiver Ultraviolettbestrahlung zu Hautschädigungen (Sonnenbrand). Ultraviolett, mehr noch die Röntgenbestrahlung, führt zur Abtötung von Zellen und zu gehäufter Fehlerbildung bei der Replikation und Translation (Hautkrebs?). Natürlich dringt die ionisierende Strahlung, z. B. bei radioaktiven Zerfallsprozessen, viel tiefer in das Gewebe ein und wirkt hier molekülabbauend bzw. vernetzend.

Alle Lebewesen sind dauernd der kosmischen Strahlung ausgesetzt, wobei Molekülumbildungen im Körper stattfinden. Die durch Ausnützung der Kernenergie und den Bau von Kernkraftwerken eintretende Strahlenbelastung der Menschheit ist demgegenüber sehr viel kleiner.

In diesem Abschnitt sollen Fehlbildungen und deren Ausmerzung statistisch erörtert werden. Nach Eigen [25, 26] kann man etwa mit einer Fehlerate von 1%, bezogen auf das Gesamtmolekül, rechnen. Damit ist gemeint, daß auf 100 makellose Sequenzen ein Fehler an irgendeiner bestimmten Stelle eines Moleküls eintritt. Ein solcher Fehler bei der Zuordnung der Purin-Pyrimidin-

Basen bzw. bei der Transkription und bei der Translation führt dann zu einer Falschinformation und wiederholt sich bei den folgenden Replikationen. Eine Möglichkeit für deren Elimination liegt in der Vielfachspeicherung unter Inkaufnahme von Redundanzen. Es ist unwahrscheinlich, daß eine mehrfach übermittelte Information jeweils mit dem gleichen Fehler behaftet ist. Bezeichnen wir mit I_r die richtige und mit I_f die falsche Information und die Wahrscheinlichkeit der Übermittlung der letzteren mit $a\%$, so haben wir es bei der Einfachübermittlung mit einer Fehlerrate von $a\%$, z. B. 1%, zu tun. Bei einer n-fach Übertragung errechnen wir die auftretende falsche Information nach dem binomischen Satz zu:

$$I_f = (a/100 I_f + (100 - a)/100 I_r)^n .$$

Es kommen also auf n Übertragungen bei 100^n möglichen Fällen a^n Fälle mit n-facher Übertragung des Fehlers; na^{n-1} $(100 - a)$ Fälle, die $(n - 1)$-fach falsch sind und $n(n - 1)\, a^{n-2}(100 - a)^2/2!$ Fälle, die den Fehler $(n - 2)$-fach übertragen. Für eine $(n - m)$-fache Fehlerübertragung gibt das $\binom{n}{m} a^{n-m}(100 - a)^m$ Fälle (n und m sind ganze Zahlen). Werden nur die Informationen als falsch repliziert, für die $(n - m) > n/2$ ist, d. h. $m < n/2$, so errechnet sich der Fehleranteil α_f

$$\alpha_f = \sum_{m=1}^{m=\frac{n}{2}-1} \binom{n}{m} \frac{a^{n-m}(100 - a^m)}{100^n} .$$

Im Falle der 3fach-Speicherung sinkt der Fehleranteil von 1% auf $2{,}98 \cdot 10^{-4}$ und bei der 5fach-Speicherung auf $0{,}985 \cdot 10^{-5}$, wenn wir $a = 1\%$ einsetzen.

Wir begnügen uns mit diesem einen durchgerechneten Beispiel, das sehr eindringlich zeigt, wie die Fehlerrate durch Redundanzen, also Vielfachspeicherung des gleichen Informationsschatzes, absinkt. Es ist aber auch zu erkennen, daß bei einer Informationsübertragung durch Registrieren der Information vom Anfang des Moleküls an im Mittel schon nach $100/a$ Sequenzen eine Falschinformation eintritt und alle folgenden, den Fehler mit beinhaltenden Informationen des langen Moleküls falsch werden.

8. Lebewesen und Computer bzw. Roboter

8.1. Grundlagen der Computer

Die Organismen sind in mancher Hinsicht mit Automaten, d. h. Robotern, aber auch mit elektronischen Rechenmaschinen, d. h. Computern, vergleichbar. Roboter und Computer lassen sich begrifflich nicht immer scharf trennen.

Auch bei höher entwickelten Organismen und beim Menschen kann dieser Vergleich versucht werden. In allen Fällen werden Informationen von außen aufgenommen, eindeutig im Innern verarbeitet, wobei logische Verknüpfungen entstehen, die zu einer Reaktion nach außen führen. Man nennt die logischen Zuordnungen zu bestimmten Befehlen und Eingaben bei der Maschine Algorithmen. Vielleicht helfen uns die Erfahrungen und erkundeten Möglichkeiten an elektronisch arbeitenden Automaten, Hinweise zur Deutung von Denkprozessen zu erhalten und die Erkenntnisse der vergleichenden Psychologie zu ergänzen.

Ehe wir den Vergleich der Automatenprozesse mit Lebensvorgängen durchführen können, müssen wir die Arbeitsweise dieser Automaten (Computer) verstehen lernen. Meist handelt es sich um programmgesteuerte Rechenautomaten, die nach Eingabe einer bestimmten Zahlenfolge diese in logisch festgelegter Weise verknüpfen und eventuell die erhaltenen Ausgangsgrößen ohne wesentlichen Eingriff wiederholt das vorgegebene Programm durchlaufen lassen. Sie arbeiten entweder digital (von lateinisch digitus = Finger), also als Zahlenrechner, oder analog, d. h., sie wandeln die angegebene Zahlenfolge in dazu analoge, z. B. geometrische oder elektrische, Größen um und variieren dieselben in vorbestimmter Weise. Der Automat erhält bestimmte Befehle, die die Behandlung der zu verarbeitenden Zahlenfolge betreffen. Die eingegebenen Zahlen werden zuerst in elektrische Impulse umgewandelt und über ein Steuerwerk dem in der Maschine vorhandenen Rechenwerk zugeführt. Ein weiterer Teil der Speicher sammelt die Befehle und die erhaltenen Teilresultate. Dabei erfolgt die Verarbeitung der Befehle und deren Weitergabe an entsprechende Adressen sowie die Übernahme des nächsten Befehls und seine Ausführung in genau vorgeschriebenen zeitlichen Intervallen.

Es besteht meist kein Unterschied zwischen Zahlenspeicher und Programm- bzw. Befehlsspeicher. Jeder Automat führt die Grundrechenarten aus, speichert die Ergebnisse und kann an vorgegebener Stelle bei dem Auftreten bestimmte Bedingungen entweder das Resultat ausgeben oder den Zyklus erneut durchlaufen lassen. Als Speicher dienen Lochkarten, Lochstreifen, Magnetofonbänder, Magnetkernspeicher. Die einzelnen Speicherzellen sind die Adressen, jedem Befehl ist eine Adresse zugeordnet. Das Abarbeiten der Adressen erfolgt in der Reihenfolge eines Laufschemas. Dieses Laufschema ist das Flußdiagramm bzw. Strukturdiagramm eines Algorithmus. Dabei ist ein Algorithmus eine eindeutig gegebene Anweisung zur Lösung einer Reihe äquivalenter Aufgaben (z. B. Ziehen von Wurzeln aus positiven Zahlen).

Ein Beispiel:

1. Speichere in R_1 die vorgesehene Zahl x, gib diese nach R_2 und addiere dazu die dort eingespeicherte Zahl y; $x + y = z$.

2. Teile die in R_1 gespeicherte Zahl x durch die in R_2 gespeicherte Zahl y, übertrage das Resultat nach R_3.
3. Subtrahiere davon die Zahl z und gib, wenn das Ergebnis > 20, dasselbe zurück nach R_1 und addiere es dort zur Zahl x, sonst stop.

Ein wesentlicher Punkt in der Programmiersprache ist die Möglichkeit zur Rückkehr in vorhergehende Prozeßstufen. Das ist völlig analog der sich selbst steuernden Rückführung und der Bildung von Fließgleichgewichten durch Feedbackmechanismen in Organismen. Es entwickelte sich in der Rechentechnik eine mathematische Logik, deren Grundelemente die Negation (nicht), die Konjunktion (sowohl als auch), die Disjunktion (entweder oder), die Alternative (mindestens eins), die Implikation (wenn das eine, dann das andere) und die Äquivalenz (beides oder keines von beiden) sind.

Der Computer arbeitet stets nach einem vorgegebenen und in den Adressen gespeicherten Programm. Der Automat empfängt seine Befehle in der ihm „arteigenen Sprache" bzw. wandelt sie in diese um. Neben Zahlen können alle physikalischen Größen eingegeben werden bzw. kann er diese befehlsgemäß aufnehmen. Optische Eindrücke werden mit Photozellen, akustische mit Mikrofonen, thermische mit elektrischen Thermometern, Drucke mit Manometern, elektrische Größen mit Drehspulinstrumenten, Wattmetern usw. aufgenommen. Transmitter wandeln diese in Zahlenwerte, falls eine digitale Verarbeitung erfolgt, oder in analoge elektrische Größen um. Die entstehenden elektrischen Impulse magnetisieren ferromagnetische Speicher um oder betätigen nach der notwendigen Verstärkung bestimmte Relais, die dann die Ergebnisse drucken oder Karten bzw. Streifen lochen.

Die mit den Rechenwerken verbundenen und die logischen Verknüpfungen ausführenden Netzwerke stellen das Gehirn der Maschinen dar. Diese arbeiten sehr schnell. Sie führen eine Vielzahl von Operationen in Bruchteilen einer Sekunde aus.

Wie arbeitet eine Rechenmaschine?

Der die Maschine bedienende Mensch legt zunächst den Umfang der zu bewältigenden Aufgaben fest. Er überträgt diese in die Sprache der Maschine und schafft Programme. Diese werden optimiert.

Das bedeutet, man will mit einem Minimum an notwendigen Schritten eindeutig den Rechengang festlegen und setzt gleichzeitig die zulässige Rechenzeit fest. Jede Maschine kann je nach ihrem Speicherumfang (Ein- und Mehradressenmaschinen) eine Vielzahl von Programmen abarbeiten. Die Entwicklung der Maschine erfordert eine sehr umfangreiche Konstruktionsarbeit, ein vorheriges Durchdenken aller Möglichkeiten und ein Ausschließen bzw. Verriegeln aller Fehlentscheidungen der Maschine.

Was kann eine Rechenmaschine und was kann sie nicht?

Sie kann alle Aufgaben lösen und alle Programme ausführen, die ihr eingegeben werden. Sie kann wesentliche oder unwesentliche Ergebnisse bei ihrem ersten Abarbeiten des Programms speichern, wobei viele Schritte nach dem Modus entweder/oder bzw. sowohl — als auch verlaufen, und diese bei späterer Wiederholung verwenden. Die Maschine hat „Gedächtnis". Sie lernt und entscheidet nach den ihr eingegebenen Regeln. Sie merkt sich Fehlentscheidungen und vermeidet diese beim erneuten Durchlaufen des Zyklus. Sie benutzt gespeicherte Wege und durchläuft diese routinemäßig schneller. Sie erkennt ihren „Herrn", wenn dieser etwa eine vorgegebene und nur ihm bekannte Nummer einstellt, sie gibt also Alarm (Diebessicherung), wenn sich ein Unbekannter nähert oder eine verbotene Schranke überquert. Niemals arbeitet die Maschine nach eigenem Ermessen. Sie versteht nur Befehle in der Maschinensprache, d. h., die ihr eingegebenen Algorithmen. Diese vermeiden Unbestimmtheiten oder Zweideutigkeiten der natürlichen Sprachen.

Die Maschine kann sich selbst reparieren, wenn vom konstruierenden Ingenieur entsprechende Möglichkeiten vorgesehen sind, z. B. Einbau von Reserverechenwerken, die automatisch einschalten, wenn das Hauptrechenwerk durch Defekt ausscheidet.

Abweichungen vom Programm sind möglich, wenn bei der Konstruktion nicht eine entsprechende Beschränkung oder Selbstzerstörung der Maschine vorgesehen ist. Ist letztes nicht der Fall, wird der Roboter in solcher Situation zum Herrn, der konstruierende Mensch zum Sklaven. (Vgl. Goethes Gedicht „Der Zauberlehrling".)

Die Rechenmaschine kann schließlich Rechenprogramme selbst entwerfen, wenn die elektrischen Netzwerke so weit verfeinert sind, daß nur wenige Rechenbefehle zur Aufstellung und zum Abarbeiten eines Programms ausreichen.

Der Roboter könnte sich reproduzieren, wenn er mit entsprechendem Werkzeug und Material ausgestattet wäre (automatische Fertigung von Automaten!). Das ist aber bisher noch nicht geschehen.

Wo liegen die Grenzen des Roboters?

1. Er kann nur die materiellen Dinge erkennen und deren Kenngrößen messend erfassen und rechnerisch verarbeiten, für die er vom Konstrukteur mit Meßfühlern ausgestattet ist. Ein Roboter mit Fotozellen und Zählrohren zur Ermittlung von Licht- und Röntgeninformationen wird nicht auf akustische Signale reagieren.
2. Der Roboter wird sich nicht selbst erkennen, sondern nur Dinge der Außenwelt. Dabei können Fotozellen das eigene Gerätesystem mit registrieren, nicht aber den Bau der Rechenmaschine als Ganzes erfassen.
3. Er wird nicht den schaffenden Menschen als denkendes Wesen erkennen, sondern nur gewisse materielle Besonderheiten, für die er Meßfühler besitzt.

4. Der Roboter wird niemals darüber „nachdenken“, ob er geschaffen wurde und wer ihn geschaffen hat, denn diese Fragestellung ist in dem vorgegebenen Programm nicht enthalten.
5. Der Automat entsteht nicht durch Zufall, etwa durch Zusammenwerfen und genügend langes Schütteln von Glasteilen, Ferritpulver, Drahtresten usw. in einem Kasten. Von viel komplizierter aufgebauten Lebewesen kann man deshalb auch nicht von einer durch Zufall gegebenen Entstehung sprechen.
6. Für den Automaten gibt es eine ihm bestimmte Grenze der Erkennbarkeit, und wir gestehen ihm diese ohne weiteres zu. Der Automat „erkennt“ diese Grenze nicht. Er ist davon „überzeugt“, daß er alles kennt, alles sehr schnell speichert und alles logisch richtig verarbeitet. Für ihn gibt es nur das „ihm Erkennbare“, alles andere existiert für ihn nicht, eine Frage danach läßt er gar nicht erst zu.
   Am Automaten können wir die Grenze des Verstehens studieren. Um diese auch für uns einzugestehen, brauchen wir nur die Übertragung dieses mehr als äußerlich übereinstimmenden Bildes auf das organische, insbesondere auf das menschliche Leben. Denken wir immer daran, daß wir letzten Endes nichts weiter als ein in seiner Vielfalt und Konstruktion unübersehbarer Überautomat sind. [31, 101] Beachten wir weiterhin, daß kein Automat durch Zufall, von selber entsteht und jeder nur das versteht und logisch verarbeitet, was ihm sein Konstrukteur von Anfang an eingegeben hat.
7. Der Automat kennt nur Ja-Nein-Entscheidungen. Zwischenstufen und gefühlsbetonte Aussagen sind ihm fremd.

Zum Verständnis eines Computers sind zwei Aspekte bekannt:

1. Die materiellen Träger, Netzwerke, Speicher und deren konstruktiver Bau (Hardware).
2. Das Programm, die Information, das logische Zusammenspiel (Software).

Der folgende Vergleich erhärtet diese Aussagen.

8.2. Vergleich des Menschen mit einem Computer bzw. Roboter

Der in Tabelle 8 dargestellte Vergleich zeigt die Analogie zwischen Automat und Lebewesen. Die Tabelle verdeutlicht aber auch den unermeßlichen Vorsprung des Lebendigen. Die biologischen Speicher sind außerordentlich klein, haben jedoch eine ungeheuer große Speicherkapazität. Die menschliche Keimzelle wird mit einem Informationsgehalt von $\approx 10^{12}$ bit geschätzt. Zwischen den Neuronen bestehen unübersehbar viele Verknüpfungsmöglichkeiten. Neben den Ja-Nein-Entscheidungen gibt es viele Zwischenstufen, ethische und ästhetische Empfindungen, Fühlen und Wollen. Man darf aber nicht übersehen, daß die vom Menschen geschaffenen Automaten sehr viel schneller reagieren als die biologischen Systeme. Die hier dargestellten grundlegenden

Tabelle 8. Vergleich Mensch—Computer bzw. Roboter

	Automat	Mensch
Kontakte mit der Außenwelt	ja, Meßfühler für alle physikalischen Größen möglich	ja, Sinnesorgane
Informationsspeicherung, Gedächtnis	ja, Magnetkernspeicher bis 10^9 bit, Magnetofonbänder, Dünnschichtspeicher	ja, 1. genotypische Speicherung bis 10^{12} bit, 2. Speicherung erworbenen Wissens bis 10^7 bit, langsame Zugriffszeiten
Ausbildung von Rückführungen	ja, Wiedereingabe und Rückführung bei bestimmten Rechenergebnissen	ja, Feedback, Fließgleichgewichte, Autokatalyse, Regelkreise
logische Verknüpfungen	ja, schnell und eindeutig, Entscheidungen liegen fest durch vorgegebenen Algorithmus, keine Gefühlswerte, nur Ja-Nein-Entscheidungen	ja, vielseitige Willens- und Entscheidungsfreiheit, Ja-Nein- und Zwischenwerte, Gefühl und Gemüt, große geistige Beweglichkeit
geistige Funktionalität in bezug auf Entscheidungsfreiheit	nein	ja
Lernvorgänge	ja, Bildung eingefahrener Wege bei wiederholtem Durchlaufen des Zyklus, Speicherung des als optimal erkannten Lösungs- und Anwendungsweges	ja, Lernen und Speichern, Bildung von Zuordnungen
äußere Energiequelle	ja, Fremdenergie (elektrische Energie)	ja, Nahrungsmittel (chemische Energie) Entropieproduktion, Erhaltung oder Verminderung der Entropie des eigenen offenen Systems
Aufnahme weiterer Informationen	ja, Einspeisen weiterer Informationen in freie Adressen	ja, Lernprozesse Evolution

Tabelle 8 (Fortsetzung)

	Automat	Mensch
Entscheidungsfindung in unvorhergesehenen Fällen und selbständige Erweiterung des Programmes	nein	ja (Evolution)
Evolution	Es werden vom Menschen immer vollkommenere Automaten gebaut. Eine Selbstverbesserung ist bisher nicht möglich	ja, ohne erkennbares externes Eingreifen, Selektion unter Annahme eines Selektionsdruckes
Selbstheilung	ja, eventuell elektrische Weichen oder Zweitapparaturen, die sich bei Defekt automatisch einschalten	ja, Regeneration
Vermehrung	nein, Neuanfertigung, sich selbst gestaltende Automaten sind noch nicht erfunden	ja, natürliche geschlechtliche Vermehrung
Entstehung	Niemals durch Zufall. Nur der schöpferische Mensch konstruiert und fertigt Automaten. Jedem Automat liegt ein vom Menschen erdachter Funktionsplan zugrunde. Es ist nicht möglich einen Computer durch wahlloses Zusammenwerfen von Bauelementen zu konstruieren	Die Bildung von Leben in toter Umgebung durch reinen Zufall wäre ein Perpetuum mobile zweiter Art. Wahrscheinlich sind es eingefrorene Fließgleichgewichte, die dissipative (dynamische) Zustände einleiten. Denkbar sind auch gerichtete Zufallsprozesse (Kapitel 11.).

Differenzen zwischen lebenden Wesen und den von Menschenhand geschaffenen und nicht durch Zufall entstandenen Automaten werden von Steinbuch als unerheblich bezeichnet. [101] Einmal werden mit wachsender Erkenntnis die Lebensfunktionen besser verstanden und automatenähnlicher gedeutet, zum anderen werden die Automaten immer mehr den natürlichen Vorbildern angepaßt.

Es bleibt aber die Übertragung von entscheidenden Lebensvorgängen, Bewußtseinsbildung, Willensfreiheit, Abnahme der Entropie des offenen (lebenden) Systems, im Bereich der Automaten gänzlich unverständlich. Unser menschliches Leben würde sehr arm, wenn Moral, Lebensfreude und jeder Kunstgenuß als Algorithmus und programmiertes Erleben aufzufassen wären. Auch würde das zu einer der Dialektik fremden Weltanschauung führen. Ein programmiertes (fatalistisches) Leben setzt einen Programmierer voraus. Der Begriff „Willensfreiheit" wird dann sinnlos.

9. Regelung im biologischen Geschehen

9.1. Grundlagen der Regelung [47, 76]

Die Regelung hat die Aufgabe, bestimmte meßbare Größen konstant zu halten oder, einem Programm folgend, zu verändern. Regelung und Steuerung bilden Teilgebiete der Kybernetik. Wir wollen uns hier nur auf Regelvorgänge in molekularen Bereichen, in der Zelle und im lebenden Organismus als Ganzem beschränken.

Bei der Regelung entstehen geschlossene Kreise aus Regelstrecke, Meßfühler, Regler und Stellglied. Die Ausgangsgröße wird laufend überwacht und mit dem Sollwert verglichen. Bei der Steuerung werden nur bestimmte Befehle in den Prozeß eingegeben, ohne daß deren Wirksamkeit gemessen und kontrolliert wird. Das Wesen der Regelung besteht im Erkennen einer Abweichung x zwischen Ist- und Sollwert der Regelgröße, dem Vergleich mit dem Sollwert w, der Verarbeitung und Umformung der Regelabweichung x und in einem, eine Störung z aufhebenden, Eingreifen in das Geschehen mittels einer Stellgröße y. Manchmal wird auch die Tendenz der Abweichung, also die Änderungsgeschwindigkeit der Regelgröße $\frac{dx}{dt}$ messend verfolgt. Oft läßt man eine Abweichung bis zu einem Schwellwert Δx zu oder veranlaßt einen der Abweichung x proportionalen Eingriff. Wirkungsvoller noch sind Störungsbeseitigungen, wenn man über die Dauer der Störung integriert und die Maßnahmen gegen die Abweichung dem Integral $\int^{t} x \, dt$ entsprechend anwachsen. Um die Wirkung einer Störung z aufzuheben, muß der Regler in umgekehrter Richtung, also entgegengesetzt zur Störung, die zu regelnde Größe um y verändern. Es entsteht der in Abbildung 21 gezeichnete Regelkreis. x, y, z und w sind Funktionen der Zeit. Meist wird $z(t)$ oder $w(t)$ vorgegeben und $x(t)$ gesucht. In der Regelungstechnik arbeitet man mit linearen Funktionen. Man hat also kleine Abweichungen vom Sollwert und kann unter Anwendung der Taylor-Entwicklung alle physikalischen Zusammenhänge linearisieren.

Die Regelgröße $x(t)$ durchläuft den Regler und wird dabei umgeformt zur Stellgröße y_a. $\left(y_a = f_1(x).\right)$ Am Ausgang des Reglers erfolgt eine Phasenumkehr. ($y_e = -y_a$.)

y_e und die Störung z beeinflussen das zu regelnde System, das auch Regelstrecke genannt wird. Es gilt dann $x = f_2(y_e, z)$ als Gleichung der Regelstrecke. Die Zusammenschaltung erfolgt so, daß die Regelabweichung x trotz der Störung z möglichst klein wird. Es sind genügende Energie- und Stoffreserven notwendig, um auftretende Abweichungen auszumerzen.

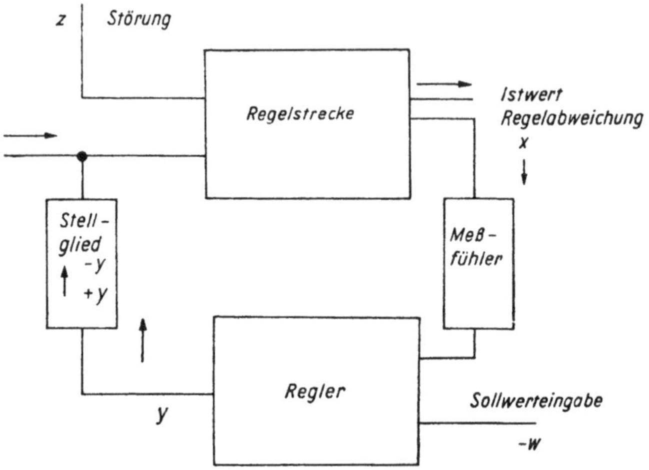

Abb. 21. Regelkreis schematisch, bestehend aus Regelstrecke (zu regelndes Organ bzw. zu regelnder chemischer Vorgang), Regler (z. B. Enzyme), Meßfühler (z. B. Enzyme, chemische Affinitäten) und Stellglied (z. B. Energiezufuhr)

Man erhält schließlich durch Kombination der Gleichungen $y_a = f_1(x)$; $y_e = -y_a$; $x = f_2(y_e, z)$ nach Elimination von y_a und y_e eine lineare Differentialgleichung folgender Form für den geschlossenen Regelkreis:

$$z + T_1 \frac{dz}{dt} + r_0 w + r_1 \frac{dw}{dt} + r_{-1} \int_0^t w \, dt = r_{-1} \int_0^t x \, dt$$

$$+ (r_0 + s_0)\, x + (r_1 + s_1 + s_0 T_1) \frac{dx}{dt} + s_1 T_1 \frac{d^2x}{dt^2}. \tag{9.1}$$

In dieser Gleichung kann auch eine Führungs- oder Sollwertgröße $w(t)$, die den Regler durchläuft, von Bedeutung sein. Die Gleichung (9.1) enthält folgende konstante Beiwerte, die dem physikalischen und strukturellen Aufbau der

Anordnung zu entnehmen sind: r_0 bestimmt seinen proportional zur Regelgröße x entstehenden Anteil der Stellgröße y_a (P-Regler). r_1 ist wichtig, wenn der Regler einen differential wirkenden Anteil enthält (D-Regler, Vorhalt, Tendenzregler). r_{-1} tritt in integral wirkenden Reglern (I-Reglern) auf. T_1 charakterisiert ein Verzögerungsverhalten des Reglers. s_0 bestimmt den proportional der Stellgröße y_e, am Ende der Regelstrecke auftretenden Einfluß auf die Regelgröße. s_1 ist Verzögerungen 1. Ordnung innerhalb der Regelstrecke zugeordnet. Regler haben meist einen Selbstausgleich, was durch $s_0 \neq 0$ zum Ausdruck kommt.

Die Gleichung (9.1) beschreibt eine bei einer vorgegebenen Störung $z(t)$ allmählich zu $x = 0$ oder $x = x_\infty \neq 0$ führende Reaktion $x \to x_\infty$. Für große x, y, w und z treten Abweichungen von der Linearität auf, die ebenfalls einen konstanten oder periodisch schwankenden Endwert für x erzwingen.

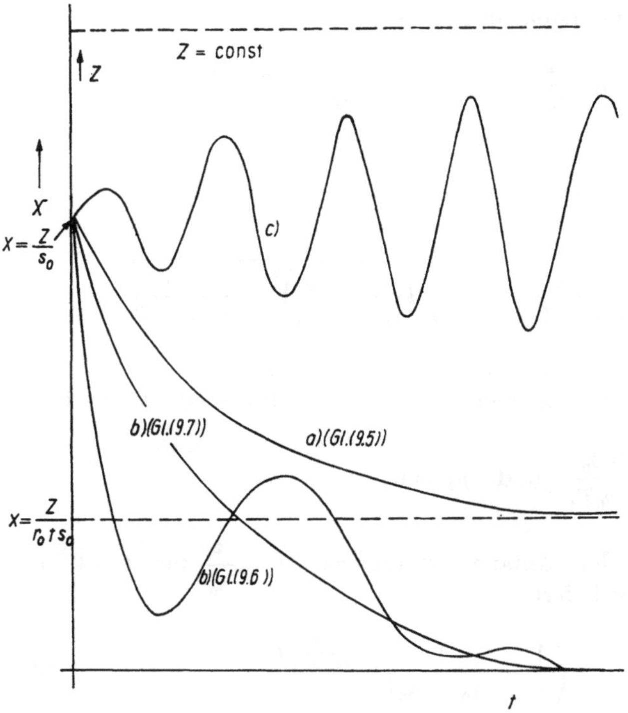

Abb. 22. Übergangsfunktion für einen geschlossenen Regelkreis bei Eingabe einer konstanten Störung z zur Zeit $t = 0$, Kurven: a) Regelung ohne integrierendes Glied (verbleibende Regelabweichung) (Gl. 9.5)), b) mit integrierendem Glied (vollständiges Herausregeln der Störung) (Gl. (9.6) bzw. (9.7)), c) instabiles Verhalten (Oszillator mit sich aufschaukelnden und dann konstanten Schwingungen)

Gewöhnlich gibt man zur Zeit $t = 0$ eine sprungartig eintretende und dann konstante Störung z vor. Die sich als Funktion der Zeit einstellende Regelabweichung $x(t)$ oder diejenige der Stellgröße $y(t)$ wird Übergangsfunktion genannt (Abb. 22). Da man in der Praxis stets Regler und die zu regelnde Einrichtung (Regelstrecke) zu einem geschlossenen Kreis vereinigt, fällt bei der mathematischen Behandlung entweder $x(t)$ oder $y(t)$ heraus. In Gleichung (9.1) ist das bereits geschehen, so daß wir hier bei vorgegebenem z oder w nur x als Funktion der Zeit berechnen.

Mit $z = \text{const}$ für $t \geqq 0$, $w = 0$ und $s_1 = 0$ vereinfacht sich Gleichung (9.1) zu

$$z = r_{-1} \int_0^t x \, \mathrm{d}t + (r_0 + s_0)\, x + (r_1 + s_0 T_1) \frac{\mathrm{d}x}{\mathrm{d}t}. \tag{9.2}$$

Nach dem Differenzieren entsteht mit $z = \text{const}$

$$r_{-1} x + (r_0 + s_0) \frac{\mathrm{d}x}{\mathrm{d}t} + (r_1 + s_0 T_1) \frac{\mathrm{d}^2 x}{\mathrm{d}t^2} = 0. \tag{9.3}$$

Man erhält die Lösung

$$x = C_1 + C_2 (\mathrm{e}^{p_1 t} + \mathrm{e}^{p_2 t}) \tag{9.4}$$

mit

$$p_{12} = -\frac{r_0 + s_0}{2(r_1 + s_0 T_1)} \pm \sqrt{\frac{1}{4} \left(\frac{r_0 + s_0}{r_1 + s_0 T_1}\right)^2 - \frac{r_{-1}}{r_1 + s_0 T_1}}.$$

Es sind eine Reihe verschiedener Fälle zu unterscheiden:

1. $r_{-1} = 0$. Der Regler enthält kein integral wirkendes Glied. Dann wird

$$p_1 = -\frac{r_0 + s_0}{r_1 + s_0 T_1} \quad \text{und} \quad p_2 = 0.$$

Die Berücksichtigung der Anfangsbedingungen $x = \frac{z}{s_0}$ für $t = 0$ und $x = z/(r_0 + s_0)$ für $t = \infty$ liefert

$$x = \frac{z}{r_0 + s_0} + z \left(\frac{1}{s_0} - \frac{1}{r_0 + s_0}\right) \mathrm{e}^{-\frac{r_0 + s_0}{r_1 + s_0 T_1} t}. \tag{9.5}$$

Man beobachtet eine exponentiell abklingende Störung und eine verbleibende Regelabweichung $z/(r_0 + s_0)$ (Abb. 23).

2. $r_{-1} \neq 0$. Im Regler ist ein integral wirkender Anteil wirksam. Je nach dem Vorzeichen des unter der Wurzel stehenden Ausdruckes entstehen

exponentiell abnehmende Schwingungen

$$x = \frac{z}{s_0} \mathrm{e}^{-\frac{r_0+s_0}{2(r_1+s_0T_1)}t} \cdot \cos \sqrt{\frac{r_{-1}}{r_1 + s_0T_1} - \frac{1}{4}\left(\frac{r_0 + s_0}{r_1 + s_0T_1}\right)^2} t \tag{9.6}$$

oder ein aperiodisches Abklingen

$$x = \frac{z}{s_0} \mathrm{e}^{-\frac{r_0+s_0}{2(r_1+s_0T_1)}t} \cdot \cosh \sqrt{\frac{1}{4}\left(\frac{r_0 + s_0}{r_1 + s_0T_1}\right)^2 - \frac{r_{-1}}{r_1 + s_0T_1}}\, t. \tag{9.7}$$

Die Störung wird vollständig herausgeregelt.

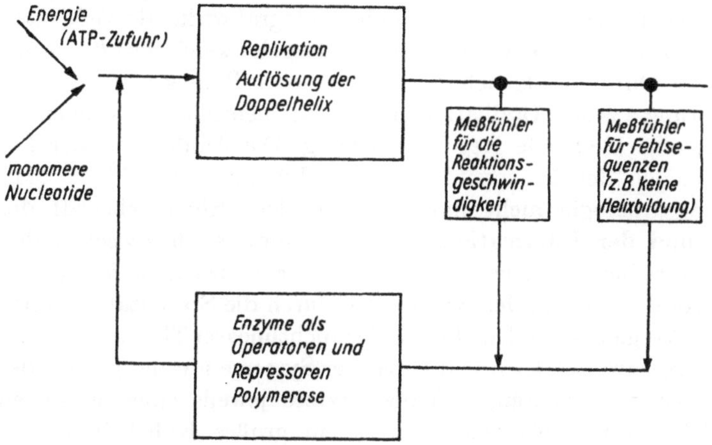

Abb. 23. Geregelte Replikation — Fehlerausmerzung und Festlegung der Replikationsgeschwindigkeit durch Enzymeinwirkung (Modellvorstellung)

Auf biologische Verhältnisse übertragen, bedeuten diese Lösungen im Falle der Gleichung (9.5): Eine äußere Störung führt zu einer bleibenden Veränderung (Mutation) oder zu einer krankhaften Entartung. Es gilt im Falle der Gleichungen (9.6) und (9.7): Störungen sind nach einiger Zeit wirkungslos; es treten eventuell Oszillationen auf (Abb. 23).

3. Mit $r_{-1} = 0$, $w = 0$, $s_0 \neq 0$, $s_1 \neq 0$ und $z = \text{const}$ entsteht aus Gleichung (9.1):

$$z = (r_0 + s_0)\, x + (r_1 + s_1 + s_0T_1) \frac{\mathrm{d}x}{\mathrm{d}t} + T_1s_1 \frac{\mathrm{d}^2x}{\mathrm{d}t^2} \tag{9.8}$$

mit der Lösung

$$x = \frac{z}{r_0 + s_0} - \frac{z}{r_0 + s_0} \mathrm{e}^{-\frac{r_1+s_1+s_0T_1}{2T_1s_1}t} \cdot \cos \sqrt{\frac{r_0 + s_0}{T_1s_1} - \left(\frac{r_1 + s_1 + s_0T_1}{2T_1s_1}\right)^2}\, t. \tag{9.9}$$

Es kann auch bei positivem Radikanten in der charakteristischen Gleichung zu einem hier nicht im einzelnen behandelten aperiodischem Abklingen auf $x = z/(r_0 + s_0)$ kommen.

4. Für $r_{-1} \neq 0$, $s_1 \neq 0$, $s_0 \neq 0$ und $T_1 \neq 0$ entsteht eine Differentialgleichung 3. Ordnung. Je nach der Größe der Beiwerte r_0, r_1, r_{-1}, s_0, s_1 und T_1 können sich aufschaukelnde Schwingungen bis zu einer konstanten Endamplitude, abklingende Schwingungen oder eine aperiodische Abnahme der Regelabweichung einstellen. Es entscheiden die Stabilitätskriterien nach Hurwitz, Nyquist, Leonhard usw. [76] (Abb. 22c).

Während in den Fällen 1. bis 4. integral wirkende Anteile ($r_{-1} \neq 0$) eine mit wachsender Dauer der Störung wachsende Reaktion in Richtung Beseitigung der Störung verursachen, ist das bei Reglern ohne integral wirkende Teile nicht der Fall. Im letzteren Fall entsteht eine bleibende Regelabweichung $z/(r_0 + s_0)$.

Die Lösungen der Differentialgleichung geschlossener Regelkreise bei einer vorgegebenen Störung z zeigen Oszillationen oder exponentielles Abklingen bis zum Wert 0 oder eine bleibende Regelabweichung. Die Ähnlichkeit der Lösungen mit denjenigen der irreversiblen Thermodynamik ist evident. Man kann deshalb eine Analogie nicht nur zwischen dem Entropiebegriff der Thermodynamik und der Informationstheorie, sondern auch zwischen den Aussagen der irreversiblen Thermodynamik und der Kybernetik feststellen. Die Frage der Stabilität wird in der Kybernetik durch die Stabilitätskriterien entschieden. Beim Vergleich der Ergebnisse der nichtlinearenThermodynamik irreversibler Systeme bzw. der Theorie dissipativer Systeme mit denjenigen der Regelungstechnik ist zu beachten, daß die letztere jeweils einen einzelnen Regelkreis, die Thermodynamik jedoch stets ein großes Kollektiv gleichartiger Systeme betrachtet. Trotz der Übereinstimmung der Ergebnisse ist dieser Umstand von Wichtigkeit. Das gilt sowohl für die Feedbackreaktionen, d. h. molekularen Regler, als auch für die die gleichen Prozesse beschreibenden thermodynamischen Deutungen. Die formelle Übereinstimmung der Ergebnisse verlangt die gleichen Überlegungen, die uns erlaubten, den Entropiebegriff auf den Informationsinhalt eines Makromoleküls anzuwenden.

9.2. Biologische Regelung in molekularen Bereichen [22, 76]

In den zahllosen Regelkreisen auf molekularer Ebene übernehmen die zwischen den Molekülen wirkenden Kräfte und ihre jeweilige nachbarliche Zuordnung die Rolle der Regelkreisglieder und bestimmen die Beiwerte r_0, r_1, r_{-1}, s_0, s_1, T_1 usw. Bei der Replikation sind die Nucleotide und das als Matrize dienende Grundmolekül die zu regelnde materielle Einheit (Regelstrecke), deren kinetisches Verhalten durch die Beiwerte s_0 und s_1 zu beschreiben ist. Die Enzyme übernehmen die Rolle des Reglers (Beiwerte r_{-1}, r_0, r_1). Bei der Transkription und Translation gelten ähnliche Zuordnungen. Ebenfalls zeichnet sich die Beschreibung eines Fließgleichgewichtes mit den Methoden der Kybernetik durch besondere Anschaulichkeit aus. Es überstiege den Rahmen dieses Büchleins, würden alle Möglichkeiten besprochen und mathematisch formuliert. Wir beschränken uns auf wenige Beispiele und verzichten auf die Berechnungen.

In Abbildung 23 ist das Blockschaltbild für die Replikation als Regelkreis dargestellt. Geschwindigkeit und Fehler der Replikation werden überwacht und als Regelgrößen verwendet. Spezielle Enzyme wirken wie Meßfühler und steuern Start, Abbruch und eventuelle Fehlerbeseitigung bei dieser Matrizenpolymerisation.

Ähnliche Regelungsvorgänge greifen auf molekularer Ebene in die Proteinsynthese ein. Auch hier übernehmen Enzyme das Starten und Stoppen der Transkription und Translation, wobei zusätzliche Steuerungsvorgänge die Realisierung des genetischen Codes gewährleisten.

Die Ausbildung eines Fließgleichgewichtes als Grundlage des aktiven Lebens stellt, wie wir schon sahen, einen geschlossenen Regelkreis dar. Die Regelgröße ist hier die Erhaltung oder gezielte Verkleinerung der Entropieproduktion. Die Ergebnisse der regeltechnischen Berechnungen (Gleichungen (9.1) bis (9.9)) bestätigen die thermodynamischen Berechnungen von PRIGOGINE, GLANSDORFF, EIGEN und EBELING. [23, 25, 36, 84, 85.]

Über eine Feedbackreaktion, also einen Regler, wird auch der Energiezufluß, d. h., die ATP-Zufuhr, für endotherme chemische Vorgänge in den Zellen gesteuert. Das Ziel ist auch hier die Aufrechterhaltung des Fließgleichgewichtes und die Einstellung einer minimalen Entropieproduktion. Es kommt auf die Ermittlung der Änderungsgeschwindigkeit der Entropieproduktion und die damit gekoppelte Zufuhr des energiereicheren ATP an. Bedeutungsvoll ist hier das differentiell wirkende Glied $r_1 \frac{dx}{dt}$ in den Grundgleichungen (9.1) und (9.8). Dieses „Vorhaltverhalten" führt zu einer minimalen Entropieproduktion in kürzester Zeit.

9.3. Makroskopische Regelvorgänge in den Zellen und Organismen [22, 39, 69]

Neben den Regelprozessen in molekularen Bereichen gibt es weitere zahlreiche, das makroskopische Geschehen und die Lebensvorgänge beeinflussende Regelvorgänge. Bei der Bewertung der Organfunktionen werden häufig die dem Bewußtsein zugänglichen und durch dasselbe gesteuerten Bewegungs- und Empfindungskomplexe überschätzt, die Rolle der im Unterbewußtsein oder unter Ausschluß des Nervensystems automatisch ablaufenden und das Leben erhaltenden Regelmechanismen dagegen übersehen.

Es gibt eine Reihe vermaschter Regelkreise, die durch das vegetative Nervensystem, aber auch durch den endokrinen Kreislauf, gesteuert werden. Ebenfalls ist das Zusammenspiel der Muskelgruppen bei verschiedenen, nahezu unbewußt verlaufenden Bewegungsabläufen zu nennen, z. B. beim Laufen, Sprechen, Radfahren und Schreiben. Es handelt sich um vollständige Regelkreise. So ermitteln z. B. die Gleichgewichtsorgane in den Ohren Regelbefehle und steuern damit über komplizierte Verbindungen im Gehirn gezielte Gegenbewegungen einzelner Muskelgruppen. Es handelt sich bei den biologisch

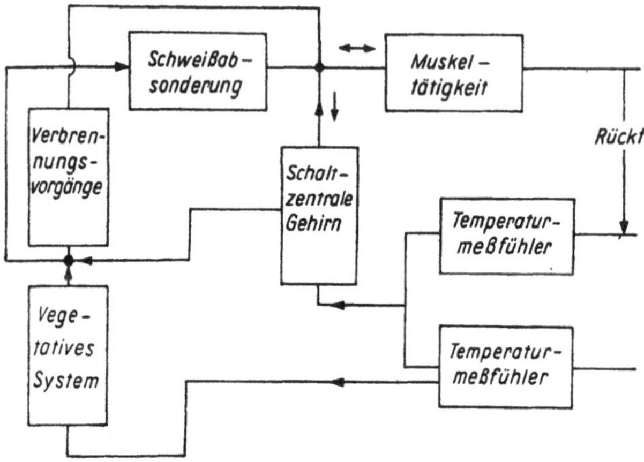

Abb. 24. Vermaschter Regelkreis am Beispiel der Temperaturregelung eines Warmblüters (schematische Modellvorstellung)

makroskopischen Regelkreisen nicht nur um Konstantwertregelung, z. B. der Körpertemperatur (Abb. 24), durch Beeinflussung der Verbrennungsvorgänge in den Muskeln, der Hauptdurchblutung und der Verdunstung an der Körperoberfläche, sondern darüber hinaus auch um unbewußt stattfindende Sollwertveränderungen.

Andere Regelsysteme betreffen Blutdruck, Blutzuckergehalt, Wasserstoffionenkonzentration, Kochsalzgehalt, Nieren- und Leberfunktion usw. Schon die Regelung der Pupillenreaktion bei wechselndem Lichteinfall würde eine umfangreiche Darstellung erfordern. [22] Hier können alle diese biologischen Vorgänge nur angedeutet werden. Damit wird aber doch die Kompliziertheit der Lebenserscheinungen und die Vielfalt der von den Organismen entwickelten Lösungswege deutlich.

Darüber hinaus gibt es nerven- und hormongesteuerte Aufgaben für ganze Zellverbände, z. B. Muskelzusammenziehungen, Wasser- und Schlackenabscheidung, Bildung von Verdauungsfermenten usw. Die nächst höhere

Einheit ist das Zusammenspiel zahlreicher Muskelgruppen bei komplexen Bewegungsvorgängen. Auch bei unbewußt stattfindenden Vorgängen, z. B. der Herz- und Atmungstätigkeit, arbeiten Steuerzentren im Gehirn, die ihrerseits mit dem Bewußtsein in losem Kontakt stehen.

Bei den vermaschten biologischen Regelvorgängen werden neben Vielfachregelungen durch gleichzeitige Information über Hormone und Nerven auch Störgrößenaufschaltungen und Netzwerke mit Hilfsregelgrößen und Hilfsstellgrößen beobachtet. Das gilt vor allem für die Regelung der lebenswichtigsten Funktionen, z. B. Herzfreqenz, Blutdruck, Körpertemperatur, p_H-Wert usw. Man kann vermuten, daß im molekularen Bereich die Regelkreise einfacher gestaltet sind.

Neben der Messuung der Regelgröße x wird die Störgröße z, z. B. die Abweichung der Körpertemperatur vom Normalwert, ermittelt und in den Regler eingeführt. Arbeiten hierbei verschiedene Zentren im Nervensystem und im hormonalen Kreislauf zusammen, so lassen sich Abweichungen ohne Überschreitung des Sollwertes bei gleichzeitiger Beeinflussung anderer Organe, z. B. der Schweißabsonderung, optimal regeln. Das bedeutet eine möglichst schnelle Reaktion und eine minimale Störgröße. Der Störgrößenaufschaltung liegt im einfachsten Fall das in Abbildung 24 gezeichnete Blockschaltbild zugrunde. Desgleichen können Hilfsregelgrößen x_H neben der eigentlichen Regelgröße x wirksam werden. Das könnte z. B. die mittlere Temperatur des Körpers und bestimmte Temperaturwerte an der Oberfläche (z. B. Unterkühlung einzelner Gliedmaßen) sein (Abb. 24).

Schließlich ist auf die Möglichkeit des Einsatzes von Hilfsstellgrößen y_H hinzuweisen. So könnte bei einer Unterkühlung des Körpers eine verstärkte Blutzufuhr, Einleitung von Verbrennungsvorgängen in den Muskeln und unwillkürliche, die Körpertemperatur steigernde Muskelbewegung einsetzen (z. B. Schüttelfrost). Genaue Berechnungen solcher vermaschter Regelkreise findet man z. B. bei Oppelt. [76]

10. Widerspiegelung und Komplementarität im biologischen Geschehen

Die in den Kapiteln 10. und 11. erörterten teilweise neuartigen Auffassungen spiegeln die persönliche Meinung des Autors wider und sollen zur Diskussion anregen.

10.1. Einleitung, Begriffsbestimmungen

In diesem Kapitel beschäftigen wir uns vorwiegend mit der Engelsschen These [29]: „Wir werden sicher das Denken einmal experimentell auf molekulare und chemische Bewegungen im Gehirn ‚reduzieren'; ist aber damit das Wesen des Denkens erschöpft?"

Für den Naturwissenschaftler ist dabei das molekulare und zellulare Geschehen entscheidend und wird in der Forschung vorrangig behandelt. Psychologen und Philosophen stellen aber den zweiten Teil der Aussage von ENGELS in den Mittelpunkt ihrer Arbeit. Wir fragen uns, wo sind die Brücken und Zusammenhänge zwischen beiden Forschungsrichtungen? Können wir als Naturwissenschaftler überhaupt bei der Lösung eines solchen Problems mitarbeiten? Die nichtidealistische Philosophie zweifelt heute nicht mehr an der Kopplung geistiger Vorgänge im Gehirn und Bewußtsein mit materiell erkennbaren chemischen Veränderungen der Neuronen und Biomoleküle. Die Brücke zwischen beiden Forschungsrichtungen liefert die im Marxismus verankerte Widerspiegelungstheorie [89], wobei aber auch der Begriff „Komplementarität" zur Deutung heranzuziehen ist. Was sagen die beiden Begriffe aus?

Nach H. KLAUS [59] ist Widerspiegelung die Eigenschaft der Materie, z. B. des Gehirns, äußere Einwirkungen durch innere Veränderungen zu reproduzieren und auf sie zu reagieren. KLAUS faßt den Begriff sehr allgemein auf, wobei die mechanischen Einwirkungen materieller Objekte aufeinander genauso dazugehören wie die aus dem dialektischen Materialismus DIDEROTS folgende Eigenschaft der Materie, die ihrem Wesen nach der Empfindung verwandt ist.

Komplementarität wird, dem Beispiel NIELS BOHRS folgend, in dem Sinne gebraucht, daß es sich um zwei sich wechselseitig ergänzende Erklärungen ein und derselben Eigenschaft handelt. Dabei wird bei einer engen Auffassung des Begriffs eine wechselseitige Ausschließung der Deutungsmöglichkeit vorausgesetzt. Das beste Beispiel hierzu ist die Erklärung des Lichtes als Wellenvorgang und als Korpuskel. Manchmal wird der Deutung eine subjektive, durch den Experimentator bzw. das Experiment hervorgerufene Einflußnahme auf das Objekt zugrunde gelegt. Wir lassen eine solche als idealistisch zu deutende Rückkopplung des denkenden Wesens auf den gedachten Gegenstand aus unseren Überlegungen heraus und betrachten die Umwelt als eine unabhängig von uns, außerhalb des Bewußtseins existierende Realität.

10.2. Widerspiegelung

Wir verwenden den Begriff Widerspiegelung in einem engeren Sinne und meinen in diesem Buch damit an erster Stelle die Übertragung der Kenntnisse über die wirkliche Welt in unser Bewußtsein. Das im Gehirn entstehende Abbild, das in Molekülen und durch Moleküle fixiert ist, hat eine ganz andere Qualität als die Wirklichkeit. So kann die entstehende Reproduktion einer Folge akustischer Schwingungen, die unser Gehör aufnimmt und die über das Nervensystem in unserem Gehirn gespeichert wird, in uns das Gefühl „schön, künstlerisch wertvoll, faszinierend" erzeugen. Die Sinfonie eines Komponisten stellt also physikalisch eine Folge von akustischen Erregungen der Luft dar;

die Widerspiegelung im Gehirn ist erst das Meisterwerk, wobei die Erzeugung des uns begeisternden Eindruckes eine entsprechend virtuos beherrschte akustische Tonbildung voraussetzt.

Die auf der Definition komplexer Zahlen beruhende Funktionentheorie ist ein weiteres Beispiel für eine nur in unserem Gehirn bestehende logische Verknüpfung bestimmter Axiome, die in der realen Welt durch entsprechende Zeichnungen veranschaulicht werden kann.

Eine Dichtung stellt die Beschreibung eines Ereignisses oder einer Entwicklung dar, wobei eine Realisierung in der Wirklichkeit nicht vorausgesetzt wird. (Man denke an Märchen, utopische Darstellungen usw.) In jedem Fall benötigen wir materielle Träger für alle Vorgänge, sowohl außerhalb als auch innerhalb unseres Bewußtseins. Tabelle 9 liefert einige Beispiele.

Tabelle 9. Materielle Träger für Vorgänge im Bewußtsein

Geschehen	materieller Träger	Widerspiegelung	materieller Träger im Gehirn	Bewußtsein
mathematische Erkenntnisse	Formelbild Zeichnung Tusche, Papier	→	Netzwerke Biomoleküle	mathematische Erkenntnis, logische Verarbeitung
schriftliche Darstellung Gedicht, Roman	Papier Druckerschwärze	→	Netzwerke Biomoleküle	Nacherleben bestimmter Ereignisse, Empfindungen Werturteile
Musikstücke	Notenbild Magnetofonband Schallplatte	→	Netzwerke Biomoleküle	Gefühlserregung, Empfindungen
menschliche Kontakte	Netzwerke Biomoleküle	→	Netzwerke Biomoleküle Rückäußerungen	neue Erkenntnisse, Meinungsbildungen, Anregung zu Handlungen
Mikrowelt	Atome, Moleküle	→	Netzwerke Biomoleküle	Modellvorstellungen, Übertragung in die bekannte Erfahrungswelt

Tabelle 10. Beispiele für Komplementarität

1. Nervensystem	← Komplementarität →	Psyche
makromolekulare Speicher		Bewußtsein, Gedächtnis,
Biomoleküle		Denken, Fühlen, Wollen
molekulare Netzwerke		
Forschungsgegenstände:		Forschungsgebiete:
für Biologie, Biophysik,		Psychologie,
Biochemie		Psychomedizin
2. molekulare Speicher und deren Bildung		
DNA	← Komplementarität →	Proteine
RNA	(als Träger der	(Enzyme)
Informationsspeicherung	Lebensprozesse)	Funktionalität
Legislative		Exekutive
3. Rechenmaschine (Computer)		
Hardware	← Komplementarität →	Software
Rechenwerk		Programmierung
Adressenwerk		Algorithmen
Speicher		Logik
(Dioden, Transistoren		
Relais, Magnetofonband		
Lochkarten)		Befehle
4. Selbstreproduktion, Evolution, Ungleichgewichte in offenen Systemen		
irreversible Thermodynamik	Komplementarität	kybernetische Prozesse
nichtlineare		
Differentialgleichungen		Feedback
Dissipative Systeme		Gleichungen der
Entropieproduktion	↔	Regelungstechnik
Oszillationen		Oszillationen
Einstellung eines		Einstellung eines
Fließgleichgewichtes		Endwertes
5. Information und deren Entropie		
statistische Thermo-	Komplementarität	Informationstheorie
dynamik	↔	Negentropie
Entropie und Wahrscheinlichkeit		Entropie der Information

Zwischen allen in Tabelle 9 als Beispiel genannten Vorgängen steht der grundlegende Begriff der Widerspiegelung, wobei der rein naturwissenschaftlichen Erkenntnis immer nur die materiellen Träger zugänglich sind. Es ist bisher unmöglich und rein spekulativ, die in ihrer Komplexibilität nicht erfaßbare Widerspiegelung im Gehirn einer analytischen Untersuchung zuzuführen. Unbekannt bleiben weiterhin mögliche, durch das Unterbewußtsein ausgelöste Vorgänge auf der molekularen Ebene, die zu einer Beeinflussung von Evolution und Regenerationserscheinungen führen können.

10.3. Komplementarität

Bei der Verwendung des Begriffes Komplementarität in der Biologie soll hier weniger die sich wechselseitige Ausschließung, sondern die notwendige Ergänzung zu einer Ganzheit verstanden werden. Das ist die ursprüngliche Begriffsbildung. So nennt man zwei Winkel, die sich zu 90° ergänzen, zueinander komplementär. In der Bohrschen Auffassung schließt die Beschreibung eines Vorganges als Welle die Darstellung der gleichen Erscheinung als Korpuskel aus. In Wirklichkeit existiert aber die elektromagnetische Erregung des Raumes, die zweckmäßigerweise durch eine partielle Differentialgleichung für elektrische oder magnetische Feldstärke in Abhängigkeit von Raum und Zeit beschrieben werden kann. Dieser Gleichung sind natürlich die Quantenbedingungen zuzuordnen. Schuld an diesem Dilemma scheint mir die Übertragung der der makroskopischen Welt entstammenden anschaulichen Vorstellungen einer Welle oder eines Korpuskels auf atomare Erscheinungen zu sein. Wir müssen uns darüber im klaren sein, daß die Moleküle und Atome in der realen uns umgebenden erkennbaren Welt existieren, daß aber die Bilder, die wir uns von ihnen machen (Kugeln, Kerne mit umkreisenden Elektronen, Wellen usw.) durch Widerspiegelung über unsere Sinnesorgane und logische Schlußfol-

Tabelle 11. Stellung der Begriffe in den einzelnen Wissenschaften

	Singularität		Komplementarität
Physik	Korpuskel	Welle	Welle und Korpuskel
	Klassische Physik	*Klassische Physik*	*Quantenphysik*
	Newton Demokrit	Huyghens Maxwell Schrödinger	de Broglie Heisenberg Bohr
	betont materiell	betont ideell	
Biologie	Darwin Oparin Steinbuch Kuhn	Mendel Goethe	Eigen Engelhardt Autor

gerungen in unserem Gehirn entstanden sind. Es handelt sich also um Modelle, die zur Veranschaulichung des Geschehens sehr nützlich sind, aber nicht den Anspruch erheben dürfen, die Realität vollendet darzustellen. Wir können beispielsweise ein Korpuskel als ein sich im ganzen Raum durch Interferenz auslöschendes Wellenpaket beschreiben. Ausgenommen von der Auslöschung bleibt ein in seiner Größe unbestimmtes Raumgebiet. Der Ort des Wellenpaketes wird unbestimmt, wenn seine Geschwindigkeit sehr genau festgelegt wird. In diesem Fall sind dann vergleichsweise wenige Wellenzüge zur Beschreibung notwendig. Engt man das Gebiet der Nichtauslöschung immer mehr

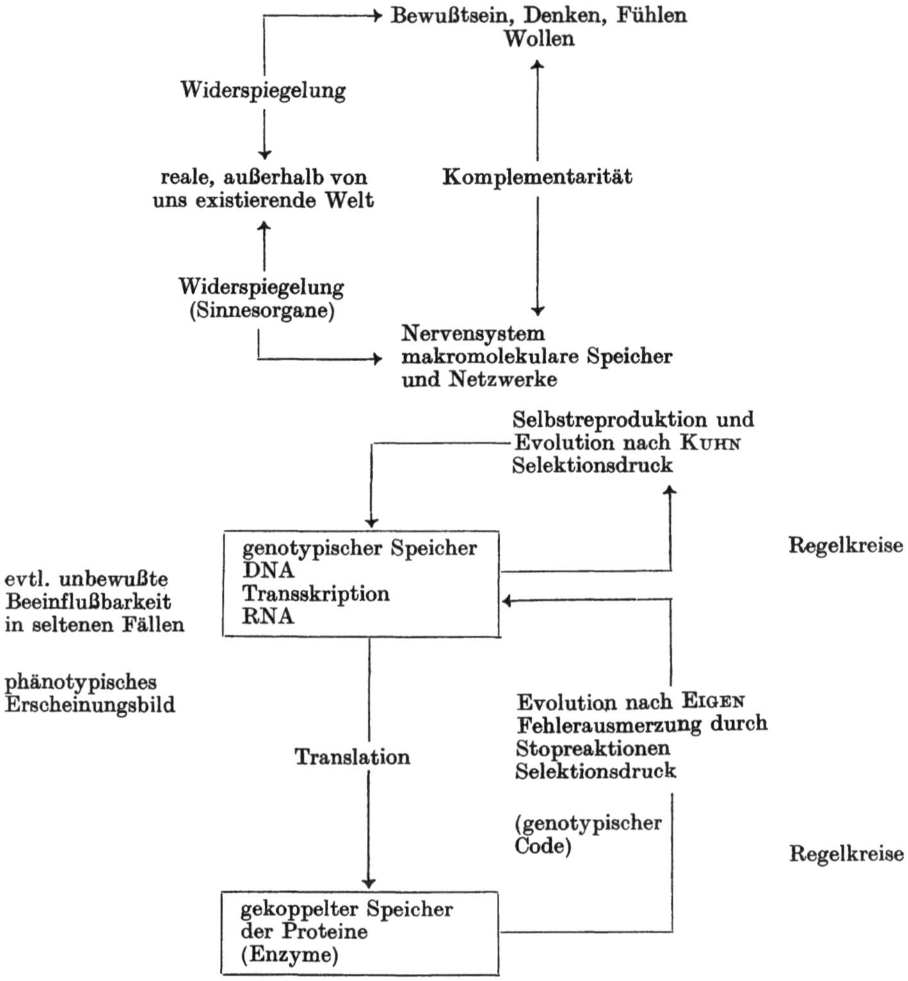

ein, so braucht man zur Darstellung viel mehr verschiedene Wellen unterschiedlicher Wellenlänge, die wegen der Dispersion der Ausbreitungsgeschwindigkeit größere Geschwindigkeitsintervalle beanspruchen (Unbestimmtheit der Geschwindigkeit). Das hier genannte Ausschließungsprinzip tritt in unserer Betrachtungsweise zurück. Vielmehr wollen wir zwei sich mit Notwendigkeit ergänzende und zur vollständigen Beschreibung unbedingt gehörende Begriffe als zueinander komplementär betrachten. In diesem Sinne sind natürlich Welle und Korpuskel zur Beschreibung elektromagnetischer Vorgänge ebenfalls komplementär (Tab. 10 u. 11).

In den einzelnen Wissenschaften wird den möglichen Standpunkten unterschiedlicher Raum eingeräumt.

Zur Verdeutlichung sind in zwei Übersichten die Begriffe Widerspiegelung und Komplementarität veranschaulicht (S. 128).

Es wird die Möglichkeit offen gelassen, daß in seltenen Fällen die Lebewesen selber unbewußt in ihren genotypischen Informationsspeicher durch Beeinflussung des Selektionsdruckes eingreifen können. Eine solche Möglichkeit würde die Bildung positiver Mutationen und Änderungen des Phänotyps fördern.

11. Entwicklung des biologischen Informationsschatzes, Evolution und Selektion in molekularer Sicht

11.1. Makromolekulare Speicher im eingefrorenen Zustand und Fließgleichgewichte

In der Jetztzeit zweifelt niemand mehr daran, daß sich die Organismen auf unserer Erde aus primitiven Formen im Laufe von mehr als einer Milliarde Jahren im Sinne von Darwin entwickelt haben. The Survival of the Fittest ist der bestimmende Faktor, verknüpft mit einem Selektionsdruck und einem Drang nach größerer Mannigfaltigkeit und größerem Formenreichtum. Parallel dazu verlief die Entwicklung des genotypischen Speichers, wobei man drei Abschnitte unterscheidet:

1. Bildung von Koerzevaten, also Protoplasmaklümpchen ohne Membranen und ohne Zellstruktur. In dieser chemischen Phase trugen bereits die kleinen sich selbst reproduzierenden und einen primitiven Stoffwechsel besitzenden organischen Systeme zur Gestaltung der Umwelt bei. Hier sind die Abscheidung von CO_2 und Ca bei der Bildung von Organismen mit Kalkschalen und die Erzeugung von freiem Sauerstoff mit Beginn der Fotosynthese in der Atmosphäre zu nennen. Viele Forscher sind der Meinung, daß die Assimilation zu Kohlehydraten unter Mithilfe des Chlorophylls erst nach der Bildung von Zellen möglich ist. Es soll eine Phase des Lebens auf der Basis der Oxydation von $Fe_2 \rightarrow Fe_3$, H_2S und NH_3 vorausgegangen sein.

Aber auch diese Prozesse setzen die Existenz von freiem Sauerstoff voraus, so daß die Frage, ob eine auf der Absorption von Quantenstrahlung beruhende primäre Energie zur Aufrechterhaltung von Feedbackreaktionen und zur Bestreitung der Lebensprozesse verantwortlich ist, noch einmal gründlich erforscht werden muß. Diese erste Phase wird als chemische Phase des Lebens bezeichnet.

2. Eine zweite entscheidende Periode der Entwicklung der Organismen wird mit der Entstehung von Evolutionsprozessen in Verbindung gebracht. Es kommt zur Ausbildung einzelliger, später vielzelliger Lebewesen, zur Steigerung des Sauerstoffgehaltes in der Atmosphäre durch Fotosynthese und der Ablagerung von Kalkmassen auf organischer Basis (Muschelkalke, Jurakalke, Kreide). Damit werden die großen ursprünglich vorhandenen CO_2-Überschüsse der Atmosphäre gebunden. Der auf organischer Basis abgelagerte Kohlenstoffanteil in den Kalkgebirgen ist größer als die fossilen Kohlenstoffvorräte, so daß primär mit einem hohen CO_2-Druck (ca. 20 atm) zu rechnen ist. [46]

3. Die Bildung von Warmblütern, insbesondere von Vögeln und Säugetieren, stellt einen so erheblichen Einschnitt in die Geschichte der Evolution dar, daß es berechtigt erscheint, hier von einer 3. Phase zu sprechen.

Sehr große Forschungsarbeit wurde der der Entwicklung der Lebewesen analogen Weiterbildung der polymeren Biomoleküle gewidmet. Man weiß, daß das Leben als solches ursächlich mit diesen Informationsträgern gekoppelt ist, wobei deren originäre Entstehung heftig diskutiert wird.

Die primitiven Formen des Lebens müssen über folgende Informationen verfügen:

1. Autokatalyse zur Einleitung und Aufrechterhaltung chemischer Reaktionen (Energieaufnahme, Stoffwechsel, Ausscheidung),
2. Selbstreduplikation (Replikation) durch Matrizenpolymerisation,
3. Aufrechterhaltung von dissipativen Systemen mit minimaler Entropieproduktion.

Diese geregelten dynamischen Prozesse, gekennzeichnet durch treibende Kräfte (Affinitäten) und Stoffumwandlungen (Flüsse), sind unter Aufnahme freier Energie in offenen thermodynamischen Systemen zu gewährleisten. Dabei muß der genotypische Informationsschatz ohne wesentliche Veränderung und ohne Informationsabnahme an neu entstehende primitive Lebewesen übermittelt werden. Die DNA und die mit dieser gekoppelten Proteine sind von Anfang an dafür verantwortlich zu machen. Es kommt also darauf an, daß schon zu Beginn des Lebens polymere Eiweiße und Nucleinsäuren mit einem ganz bestimmten Windungssinn der Helices und mit einer die Grundinformation tragenden Sequenzfolge vorhanden sind. Man kann abschätzen, daß dafür primäre Informationsraten von 10^5 bis 10^6 bit ausreichend sind. Für die Entstehung dieser ersten Informationsträger werden verschiedene Möglichkeiten diskutiert.

1. Bildung einer bestimmten Sequenzfolge durch reinen Zufall, wobei bestimmte Variationen der Sequenzkonformität zugelassen werden. Rechnet man mit der spontanen Bildung von Informationsträgern mit 10^8 bit Informationsinhalt durch reinen Zufall bei angenommener Gegenwart hoher Konzentrationen an Purin- und Pyrimidinbasen in einer Zucker und Phosphat enthaltenden „Ursuppe", dann sind den etwa 10^8 günstigen Anordnungen der Seitengruppensequenzen die $4^{100\,000\,000}$ möglichen gegenüberzustellen. Der Logarithmus der Wahrscheinlichkeit der spontanen Bildung errechnet sich dann zu $\log W = -60 \cdot 10^6$. Die Negentropie für ein solches Ereignis ist unvorstellbar groß und die Wahrscheinlichkeit $= 10^{-60\,000\,000}$ so klein, daß man von einer absoluten Unmöglichkeit sprechen kann.

Nimmt man aber an, daß etwa 10^5 bit an Informationen ausreichen, so benötigt man z. B. in bezug auf eine primäre Proteinkette $10^5/4{,}32$, d. h. etwa 20000, Kettenglieder. Die Wahrscheinlichkeit zu deren Bildung ist $(1/20)^{10\,000} \approx 10^{-13\,000}$. Im ganzen Universum würde sich durch reinen Zufall nie ein solches Molekül bilden. Die primäre reine Zufallsbildung wäre ein Perpetuum mobile zweiter Art und ist so unwahrscheinlich, daß kein Forscher in einer „Ursuppe" die Bildung eines primitiven Informationsträgers mit 10^5 bit Informationsinhalt annimmt. Die reine Zufallsbildung wird gelegentlich noch so interpretiert, daß man den primären Informationsinhalt auf 10^3 bit reduziert. Man erhält dann eine Wahrscheinlichkeit von etwa 10^{-400}. SIMPSON [99] errechnet für die originäre Bildung von Präbionten durch Zufall etwa 10^{-800}. Auch diese Zahl ist unvorstellbar klein.

2. Viele Forscher (EIGEN, KAPLAN, KUHN, MILLER, OPARIN, u. a. [25, 26, 55, 63, 71, 75]) haben sich deshalb Modellen für die Urzeugung zugewandt, die man als gerichtete Zufallsprozesse bezeichnen kann. Dabei legt die irreversible Thermodynamik nichtlinearer Systeme die Richtung des Geschehens fest. Das Ziel ist bekannt bzw., die dem Zufallsgeschehen unterworfenen Systeme sind im Sinne eines Algorithmus so programmiert, daß sie von selber aus den nacheinander auftretenden Zufallsgrößen stets die für die Entstehung und den Fortbestand günstigen Fälle auswählen. Hier hilft ein Teilgebiet der Kybernetik, nämlich die Spieltheorie, die in den neuen Arbeiten von EIGEN [26, 26a] ausführlich dargestellt ist, weiter. Dabei erhalten, von einer zufälligen Buchstabenfolge (Sequenzfolge) ausgehend, die richtigen (telenomischen) Informationen einen höheren Selektionsdruck (Selektionsvorteil, z. B. [10]) bei einer Fehlerrate von z. B. 5‰. Von Generation zu Generation wird die richtige Sequenzfolge in der DNA verbessert. — Ein anderes Beispiel:

Jemand will bei einem Würfelspiel n-mal eine 5 würfeln. Im Mittel muß sechsmal gewürfelt werden, bis die 5 erreicht ist. Dann bleibt diese liegen und mit einem 2. Würfel wird nach weiteren sechs Würfen im Mittel die zweite 5 erreicht. Nach $6 \cdot n$ Würfen ist im Mittel das Ziel erreicht ($W = 1/6n$ statt $W = 1/(6^n)$). So ein Mechanismus könnte zur Vervollkommnung des genetischen Informationsspeichers dienen. KUHN [63] spricht von 10^6 Versuchen, ehe 20 Nucleotide eine Kette mit gleichem Drehsinn bilden. Wenn also das Ziel bekannt ist (die jeweils optimalste Struktur des sich immer mehr vergrößernden, den Informationsschatz tragenden DNA-Moleküls), könnte nach jeweils acht sich vererbenden Informationen eine als positiv zu wertende weitere Information in der DNA auftreten. Voraussetzung dafür sind richtiger Drehsinn und eine der vier Möglichkeiten A, C, G, T, das sind acht Fälle. Rechnet man immer nach tausend Generationen eine bleibende, die im allgemeinen durch Selektion wieder herausmanövriert wird, und etwa nach 8000 Generationen eine sich stabilisierende Mutation, so benötigt man $8000 \cdot 10^8$ Generationen zur Bildung eines Speichers mit 10^8 Informationen. Weiterhin ist zu berücksichtigen, daß eine sich neu bildende Sequenzfolge gleichzeitig in mehreren die Information tragenden Makromolekülen auftreten muß (siehe Kapitel 9.). Das verlängert die wahrscheinliche Bildungszeit zusätzlich beträchtlich. Nimmt man für jede Generation eine kurze Lebensdauer von 1000 Sekunden, so werden ca. 10^{20} s, das sind rund 10^{13} Jahre für die Entwicklung des genetischen Informationsschatzes benötigt. Das ist die zehntausendfache Zeit gegenüber der auf Grund der geologischen und paläontologischen Messungen angenommenen Entwicklungszeit des Lebens auf der Erde.

Die Wahrscheinlichkeit für einen solchen Vorgang ist so gering, daß man dann annehmen muß, daß wir die einzigen Lebewesen im Weltall sind. Auf diesen Standpunkt weist besonders der sowjetische Autor I. S. SCHKLOWSKI hin [94]. Er schreibt: „Dennoch wäre es vom Standpunkt der Philosophie interessant, sich die Frage zu stellen: Aber was ist, wenn wir im Weltall allein sind? Nur der Astronom, der sich die räumlichen und zeitlichen Maßstäbe des Weltalls real vorstellt, kann das Ungeheuerliche der Idee von unserer kosmischen Einsamkeit und Einmaligkeit voll erfassen, und zwar einer Einmaligkeit nicht nur im Raum, sondern auch in der Zeit (denn was sind schon 350 Jahre technologische Ära im Vergleich zu den 10 bis 15 Milliarden Jahren der Entwicklung des Weltalls). Wenn wir im Weltall einmalig wären, so würde dies im Grunde die Renaissance einer geozentrischen, ja sogar einer anthropozentrischen Philosophie bedeuten, natürlich auf einem unvergleichlich höheren Niveau, als dies im Mittelalter der Fall war. Die Philosophen sollten über diese Probleme nachdenken."

Wegen der Wichtigkeit dieser Überlegungen soll auf Versuche, die einzelnen Schritte zur Bildung der Koerzevate zu verstehen, noch etwas näher eingegangen werden. Dabei ist die Deutung dieser Systeme als molekulare Regelkreise mit funktionellen „Reglern" (Enzymen) und Regelstrecken (DNA-

Molekülen) besonders zu nennen. Wichtig ist das Ineinandergreifen verschiedener zielgerichteter, aber in bezug auf die zeitliche Verwirklichung zufälliger Prozesse. U. Körner bringt in seinem ausgezeichneten Buch „Probleme der Biogenese“ [62] eine zusammenfassende Darstellung der bis jetzt über diesen Gegenstand vorliegenden 2000 Veröffentlichungen. Beschränkt man sich auf die wichtigsten, so sind Urey [111] und Kaplan [55], Oparin [75] und Miller [71] zu nennen; denen sich dann grundlegende Modellbetrachtungen von Eigen [25, 26a] und Kuhn [63] anschließen.

Allen Theorien, die eine originäre Lebensentstehung auf der Erde oder auf einem erdähnlichen Planeten annehmen, liegt die Meinung zugrunde, daß die Bildung einer die Reproduktion erlaubenden präbiogenen Struktur, d. h., die Bildung eines thermodynamischen Ungleichgewichtes, in maximal einer Milliarde Jahren mit Notwendigkeit eintreten mußte. Kuhn erörtert, welche Bedingungen erfüllt sein müssen, daß sich ein solches dissipatives System bildet, und nimmt dafür eine Reihe als möglich betrachteter, aber bei genauer Durchrechnung sehr unwahrscheinlicher Folgen von einzelnen Schritten an. Eigen behandelt in Weiterführung der Arbeiten von Glansdorff und Prigogine [36, 84] die Aufrechterhaltung thermodynamischer Ungleichgewichte in dissipativen Systemen unter der Bedingung minimaler Entropieproduktion. Zweifellos sind die genannten Überlegungen, die molekular dynamische Vorgänge beschreiben und mit den in Regelkreisen beobachteten Erscheinungen korrelieren, die für das Leben wichtigsten Grundlagen.

Wir wollen im folgenden die „Ingangsetzung“ bzw. die Entstehung dissipativer Systeme mit minimaler Entropieproduktion als Urzeugung betrachten, wobei im Sinne von Eigen zweifellos Protein- und Nucleinsäuren gemeinsam wirksam wurden. Eine so verstandene Urzeugung hat den neueren Forschungen nach vor mehr als 10^9 Jahren in einer geeigneten Umgebung auf der Erde stattgefunden. Unbefriedigend dabei bleibt aber die berechnete, außerordentlich große Unwahrscheinlichkeit für die spontane Bildung eines solchen dissipativen Systems. Deshalb erörtern wir im folgenden Möglichkeiten zur Bildung dissipativer Systeme, ohne daß dabei ein Perpetuum mobile zweiter Art angenommen werden muß. Wir gehen dabei von der Beobachtung aus, daß makromolekulare Systeme ihre primäre Struktur ohne Veränderung der Sequenzfolge und ohne Entropieproduktion in einem weiten Temperaturgebiet und inerter Umgebung beliebig lange behalten. Es handelt sich dabei um eingefrorene Ungleichgewichte, also um die Erhaltung unwahrscheinlicher Konfigurationen. Grundlegend ist die Überlegung, daß Makromoleküle, z. B. DNA-Moleküle, die einen Speicher für die notwendigen Grundinformationen darstellen, auch schon vor dem Beginn der Wirksamkeit dissipativer Systeme, d. h., vor dem Einsetzen dynamischer entropieproduzierender Prozesse, auf der Erde vorhanden waren oder dorthin gelangten. Bildeten sich dann auf unserer

Erde Umweltzustände aus, die zur Einleitung dynamischer Fließgleichgewichte ausreichten, so erfolgte der Übergang vom eingefrorenen inaktiven Molekülzustand in das dynamische Fließgleichgewicht mit minimaler Entropieproduktion. Die Urzeugung kann dann als eine kinetische Phasenumwandlung betrachtet werden. Die notwendigen Bedingungen dazu sind: Vorhandensein von Wasser, ausnutzbare freie Energie und die Existenz einer Reihe von Grundstoffen, insbesondere Phosphor- und Stickstoffverbindungen. Die Bildung der ersten Stufe des chemischen Lebens als kinetische Phasenumwandlung steht nicht im Widerspruch zu den Arbeiten von KAPLAN, KUHN, OPARIN u. a.

Die weitere Entwicklung kann nach dem KUHNschen Modell oder den Überlegungen von EIGEN verlaufen sein. Wo kommen nun diese Grundinformation zur Einleitung von Fließgleichgewichten bzw. zur Bildung einfacher Regelkreise aus Enzymen und der DNA her? Dazu geben uns neue Beobachtungen von organischer Materie außerhalb unserer Erde und der Nachweis organischer Substanzen und Präbionten in Meteoriten Hinweise. [111] So entdeckte man Formaldehyd, Ameisensäure, Cyanide, Formamid, Methanol und eine Reihe niedermolekularer organischer Substanzen im kosmischen Staub und in interstellaren Räumen. Diese bilden unter der Einwirkung von UV-Strahlen z. B. auch Aminosäuren. Genannt seien die Arbeiten von WINNEWISSER [119] und JOHNSON [53]. Man kann auch vermuten [111], daß bei der Bildung der Urerde organische Moleküle mit eingebracht wurden, die eine präbiologische chemische Evolution einleiteten. B. LOVELL [65] behauptet, daß primitivste Organismen im Staub des Sonnennebels existierten, eine Annahme, die auch in [46] ausführlich diskutiert worden ist. In den Arbeiten von H. D. PFLUG [81] wird die Frage erörtert, ob die Zeit für die Bildung präbiologischer Formen, d. h., die Zeit zur Bildung eines primären Informationsschatzes, überhaupt ausreicht oder ob man nicht ein Leben, älter als die Erde, annehmen muß. Diese Ansicht wird auch durch die Veröffentlichungen von CLAUS und NAGY [13], die sporenähnliche organische Gebilde im Orgueil Meteoriten nachwiesen, gestützt.

In der früheren Arbeit des Verfassers [46] wird weiterhin die Frage erörtert, wie diese makromolekularen Systeme die Bedingungen, die im Weltraum herrschen, überstehen. Dabei ist gezeigt worden, daß wegen der nur auf den Atomkern zerstörend wirkenden kosmischen Strahlung und der geringen UV-Intensität in genügender Entfernung von Fixsternen Makromoleküle in Zeiten von über 10^9 Jahren mit Wahrscheinlichkeit nicht zerstört werden. Letzten Endes führt natürlich diese Vorstellung zu einer steady state Theorie für den Kosmos im Sinne von BONDI [11] und HOYLE [49]. Das verlangt auch die Nachlieferung von Biomolekülen in den interstellaren Raum von Planeten aus, die Leben besitzen. Darüber hinaus sollte die zur Zeit von den meisten

Physikern angenommene Theorie eines „Urknalles“ vor zehn Milliarden Jahren auf Grund der Rotverschiebung der Spektrallinien entfernter Fixsterne und der 3 K Resttemperatur überprüft werden. [46]

Die hier vorgeschlagene Urzeugung des Lebens aus vorhandenen beständigen makromolekularen Informationsträgern vermeidet die Annahme eines Perpetuum mobile für den Beginn des Lebens auf der Erde. Eine Bestätigung dieser Auffassung lieferte vom astronomischen Standpunkt aus F. Hoyle [49a].

Abschließend soll davor gewarnt werden, Makromoleküle außerhalb unserer Erde, die Speicher für bestimmte Informationen sind, als Träger aktiven Lebens im Weltraum aufzufassen. Eine solche Erörterung könnte nicht Gegenstand einer naturwissenschaftlichen Veröffentlichung sein. Der hier diskutierte Beginn des Lebens auf der Erde stellt, wenn man überall existierende informative Makromoleküle annimmt, nichts Einmaliges dar. Jeder Planet, der zu einem Fixstern gehört und dessen chemische und physikalische Beschaffenheit die Entwicklung einer Biosphäre erlaubt, wird Träger von Lebensprozessen sein. In unserem Sonnensystem ist zur Zeit der Planet Erde der einzige, der diese Bedingungen erfüllt. Mit fortschreitender Abkühlung der Sonne könnte das in vielen Jahrmillionen auch für die Venus zutreffen.

11.2. Die chemische Phase des Lebens

Bei Vorhandensein von H_2O, CO_2, N, S, P, K, Na, Ca, Fe und einigen anderen in geringen Mengen notwendigen Elementen können nach der in diesem Buch entwickelten Vorstellung in einem Temperaturbereich zwischen 0 und 100 °C eingefrorene makromolekulare Zustände in dissipative Systeme übergehen. Für diesen kinetischen Phasenübergang, der in wäßriger Phase erfolgen dürfte, ist weiterhin die Abwesenheit von Katalysatorgiften, insbesondere H_2S, SO_2, NH_3, Arsenverbindungen und Schwermetallverbindungen in hoher Konzentration und die Abschirmung von schädlichen Strahlungseinwirkungen entscheidend. [46] In dieser Phase des Lebens beginnt der biologische Aufschluß von Silikaten und die Abscheidung von Kalziumkarbonat auf organischer Basis. Man muß hierzu einen Zeitraum von mehreren Milliarden Jahren annehmen, also eine Periode des beginnenden Lebens, die in ihrer Länge die dann einsetzende aktive und durch Evolution gekennzeichnete Phase übertrifft. Ausführlich wird diese Periode von U. Körner und vielen anderen Autoren beschrieben. [62]

11.3. Evolution

Ganz unmerklich schließt sich an die mit der rein chemischen Gestaltung der Umwelt und den primitiven Lebewesen verknüpften Epoche das Zeitalter der Evolution, also der sich höher entwickelnden Lebensformen, an. Mit der Ausbildung der äußeren Gestalt, also des Phänotyps, geht die Bildung des zugehörigen molekularen Speichers parallel. Jede Entwicklung einer Tier- oder Pflanzenklasse, Familie oder Art setzt die Weiterentwicklung dieses Speichers voraus. Allen Lebewesen ist ein wohldefinierter und gleich strukturierter molekularer Grundspeicher zugeordnet. Dieser wird durch Einbeziehung weiterer Merkmale immer komplizierter. Es werden verschiedene Evolutionsmodelle vorgeschlagen, bei denen durch gerichteten Zufall unter der Annahme eines bestimmten Selektionsdruckes eine Weiterentwicklung erreicht wird. Die nichtlineare Thermodynamik begründet die Ausmerzung ungünstiger (nicht überlebender) Systeme. [25] EIGEN betrachtet in dieser Arbeit die Evolution als Komplexvorgang auf Grund der Zuordnung Nucleinsäure — Enzym. Die von ihm angenommene Fehlerhäufigkeit von 1 : 100 wird weitgehend kompensiert durch die Ausmerzung von Fehlern bei der Eiweißsynthese. Nur dieser Mechanismus erlaubt die Fort- und Höherentwicklung der Lebewesen. Im thermodynamischen Sinn ist die Evolution durch die Beziehung

$$\frac{dS}{dt} < 0$$

für das offene lebende System gekennzeichnet. Im Gegensatz hierzu wird

$$\frac{dS}{dt} = 0$$

bei Fortbestehen des Fließgleichgewichtes. Dabei ist zu beachten, daß die Übertragung der Information nur in Richtung DNA → RNA → Protein erfolgt. Bei der Evolution kommt es bei unwahrscheinlichen, aber einmal mit Notwendigkeit eintretenden Fällen zur Bildung höher strukturierter Einheiten.

Normalerweise wird die Bildung des genotypischen Speichers der Folgegenerationen durch die MENDELschen Gesetze bedingt, deren Besprechung in den Fachbüchern der Biologie erfolgt.

Mit wachsender Evolution, also wachsender Komplexibilität des genotypischen Speichers, beobachtet man eine zunehmende Differenzierung der Organfunktionen, einen Übergang von einfachen Formen zu komplizierten bei gleichzeitiger Anpassung an die sich ändernden Umweltbedingungen. Durch die Paläontologie ist die schon frühzeitig (im Kambrium) einsetzende Evolution primitiver Formen erkannt worden. Die Weiterentwicklung der Arten gehört zu den wissenschaftlich am besten fundierten Grundlagen der Biologie.

Mutationen, die das Auftreten neuer komplizierter Organe bedingen, gehen über die Grenzen der Art hinweg. Dabei ist es möglich, daß der hiermit gekoppelte Quantität-Qualität-Übergang in vergleichsweise wenigen Generationen erfolgt. Das erklärt auch das Nichtauffinden von Zwischengliedern.

Das Fortschreiten des genotypischen Informationsschatzes ist mit der Entwicklung des phänotypischen Erscheinungsbildes gekoppelt. Der Grundstock der Information bleibt bei diesem Prozeß erhalten. Neue Informationen, d. h. neue Qualitäten, werden aufgepropft und in zusätzlichen Genen angelegt. Bei der Embryonalentwicklung kommen die primitiven Vorstufen zur Wirksamkeit. Das Prinzip der Evolution wird den ökonomischen Forderungen übergeordnet. Beispielsweise sind Warmblüter in bezug auf den Energieumsatz den Kaltblütern unterlegen, nicht aber in bezug auf Vitalität und Erlebnisreichtum. Deshalb stellen die Warmblüter die höhere Stufe dar. Der in den Makromolekülen verwirklichte genotypische Erbschatz hat eine Geschichte, die sich über eine Milliarde Jahre erstreckt. Der Entwicklung der DNA als Träger der Informationen ist die Bildung der äußeren Erscheinung zugeordnet. Für die Evolution gilt das Zeitschema in Tabelle 12.

Durch die Evolution wird eine biologische Zielfunktion verwirklicht. Diese besteht im Übergang vom Einfachen zum Komplexen, vom Erlebnisarmen zum Erlebnisreichen, vom Triebhaften zum „bewußt“ Gesteuerten. Die Lebewesen

Tabelle 12. Zeitschema für die Evolution

Vorgang	Zeit in Sekunden, von der Gegenwart aus gerechnet, größenordnungsmäßig
1. Urzeugung (Bildung der ersten Fließgleichgewichte bzw. dissipativen Systeme mit Reduplikation und Autokatalyse)	10^{17}
2. Chemisches Zeitalter der Bioentwicklung (Fließgleichgewichte, Selbstreproduktion, Matrizenpolymerisation, Fotosynthese (?), CO_2-Abbau, Ca-Bindung, Entwicklung des genotypischen Speichers bis etwa 10^8 bit)	10^{17} bis $2 \cdot 10^{16}$
3. Zeitalter der Evolution (Entwicklung von Mikroorganismen und primitiven Tier- und Pflanzenformen, insbesondere Trägern von Kalkschalen; Aussterben ganzer Tier- und Pflanzenkreise, Entstehung der Wirbeltiere)	$2 \cdot 10^{16}$ bis zur Gegenwart
4. Warmblüter (Anstieg des genotypischen Speichers auf etwa 10^{10} bit, Aussterben vieler Arten)	$2 \cdot 10^{15}$
5. Mensch (Anstieg des genotypischen Speichers auf ca. 10^{12} bit)	10^{13}
technisches Zeitalter	10^{10}
mittlere Lebensdauer des Einzelmenschen (während dieser Zeit erfolgt die Bildung des Gedächtnisses und Erfahrungsschatzes mit einem Speicherinhalt von etwa 10^6 bis 10^7 bit)	$2 \cdot 10^9$

werden anpassungsfähiger, vielseitiger, langlebiger, geistig regsamer und aktiver. In primitiven Formen werden die Handlungen triebhaft gesteuert; mit wachsender geistiger Vitalität nehmen Lernvorgänge und die durch den eigenen Willen ausgelösten Handlungen immer mehr zu. Mehrere das Leben beherrschende Prinzipien stehen einander gegenüber.

1. Das ökonomische Prinzip

Mit geringstem Energieaufwand, d. h., mit geringster Zufuhr freier Energie, sollen eine minimale Entropieproduktion im Sinne von PRIGOGINE und eine lange Konstanz thermodynamischer Ungleichgewichte verwirklicht werden. Das führt zur Bildung offener thermodynamischer Systeme, die Umgebungstemperatur besitzen, also zur Entwicklung von Kaltblütern. Weiterhin sollen biologische Substanzen möglichst lange im organischen Kreislauf verbleiben. Pflanzen erzeugen durch Absorption von Lichtquanten organische Stoffsysteme, die bei der Nahrungsaufnahme durch Tiere bis zu niedermolekularen Einheiten abgebaut und erneut zu artspezifischen Polymeren bzw. Energieträgern synthetisiert werden. Das natürliche Ende der pflanzenfressenden Tiere ist, von Raubtieren aufgefressen zu werden. Sie sind also ein Glied in der Nahrungskette Pflanze—Pflanzenfresser—Raubtier. Damit gelangt die biologische Substanz wieder in andere Lebewesen, um schließlich auch noch das Leben von Mikroorganismen zu ermöglichen. Der Abbau geht aber im allgemeinen nur so weit, daß ein leichter Wiedereintritt in andere Lebewesen möglich ist. Stickstoff wird z. B. nur bis zum Ammoniak bzw. zu den Nitraten abgebaut.

Dem ökonomischen Prinzip steht eine scheinbare Verschwendung im Lebensgeschehen gegenüber. Nur ein kleiner Bruchteil aller Samen führt zur Entwicklung neuer Lebewesen. Das erhöht aber die Wahrscheinlichkeit für Mutationen und führt damit zur Vergrößerung der Anzahl der individuellen Eigenarten. Die Tendenz zur Vergrößerung der Anzahl der Formen und Arten ist dem ökonomischen Grundgesetz übergeordnet. Zur Aufrechterhaltung des biologischen Gleichgewichtes gehören notwendigerweise auch Abbauprozesse, die durch heterotrophe Kleinlebewesen aufrechterhalten werden. (Heterotroph sind alle Lebewesen, die ihre Lebensprozesse aus organischen Substanzen bestreiten und nicht zur Assimilation befähigt sind.)

2. Das Evolutionsprinzip

Wie schon durch verschiedene Beispiele belegt werden konnte, ist im organischen Geschehen die Evolution, d. h., die Bildung neuer Arten durch Mutation und Selektion, der Ökonomie übergeordnet. Die Evolution führt zur Bildung von Organismen mit optimalem Erlebnisreichtum, größter Erlebensgeschwindigkeit und der Speicherung weiterer Informationen. Nur in seltenen Fällen gehen diese durch Erlernen gewonnener Kenntnisse in den genotypischen Speicher ein. Das setzt gleiche Erfahrungen über viele Generationen hinweg voraus und kann nicht, wie es LAMARCK vermutete, in wenigen Generationen geschehen. Das „Survival of the fittest" führt zum Überleben der höchstentwickelten Arten und nicht zum Überleben der ökonomisch günstigsten. Wäre das letztere der Fall, so hätten sich die Mikroorganismen, also die Bakterien, gegenüber den höher entwickelten Lebewesen durchgesetzt und die letzteren zum Aussterben gebracht.

Nur durch Änderungen der Sequenzen der individuumeigenen DNS kommt es zu vererbbaren Änderungen des Phänotyps. Künstlich hervorgerufene Änderungen der Sequenzfolge nennt man Genmanipulation.

3. Die Ökologie

Die Ökologie behandelt das Zusammenleben vieler Organismen und ihre wechselseitigen Abhängigkeiten. Man kann den Begriff Ökologie durch das Prinzip der Erhaltung des biologischen Gleichgewichtes, Unterdrückung von Vorgängen, die das Gleichgewicht abbauen, erklären. Die menschliche Technik und die in der Zivilisation stattfindende Umgestaltung der Umwelt widersprechen oft den Grundsätzen der Ökologie. Die Natur rächt sich aber bzw. wirkt den Maßnahmen der menschlichen Technik entgegen. Dabei ist eine Reihe von der Ökologie erkannter Grundprinzipien wirksam:

1. Die Pufferwirkung bei übermäßiger Umweltänderung. So führt die CO_2-Abgabe an die Atmosphäre zu einer stärkeren Lösung des Kohlendioxids in den Meeren. Auch die Anreicherung der Gewässer mit organischen und anorganischen Abfallprodukten ruft Gegenreaktionen hervor. Es kommt zu vermehrtem Pflanzenwachstum bis zur Eutrophierung, d. h., das Überangebot von Nährstoffen führt zu einer Labilität und schließlich zum Erliegen der Lebensmöglichkeit.
2. Eingriffe in die Lebensmöglichkeiten einzelner Arten führen zum Aussterben oder zur ungezügelten Vermehrung anderer Organismen. Es handelt sich hierbei um Eingriffe in die Kette der ökologisch bedingten Futterfolgen. So führt die Vernichtung der Wale in den antarktischen Gewässern schon jetzt zu einer außerordentlichen Vermehrung der als Futter dieser Großsäuger dienenden Krebse.
3. Die Bildung einer Flora und Fauna von sich wechselseitig bedingenden Arten und Formen hat erst das Leben in seiner Mannigfaltigkeit und Erlebnisfülle ermöglicht. Das biologische Gleichgewicht und das Nebeneinanderbestehen einer unübersehbaren Zahl von Arten, der Reichtum an Formen und Farben bilden die Schönheit unserer Erde. Hier nicht noch mehr zu vernichten, sondern wieder herzustellen, sollte eine der wichtigsten Aufgaben der Menschen der Zukunft sein. Das Studium der Gesetze die Ökologie gehört deshalb zu den wichtigsten Aufgaben der Wissenschaft unserer Tage.

Wir haben in diesem Kapitel gesehen, wie dem biologischen Makromolekül in allumfassender Form Lebensvorgänge zugeordnet sind. Die Korrelation zwischen molekularem Geschehen, Leben und Erleben ist den letzten Kapiteln dieses Buches zugrunde gelegt. Es genügt also nicht, nur den Bau und die Struktur der Moleküle zu erforschen, sondern es ist genauso wichtig, die Zuordnungen in ihrer ganzen Tragweite zu erfassen.

Dazu gehört die Erfassung der Lebensvorgänge in den verschiedenen biologischen Ebenen. Das liegt außerhalb des Rahmens dieses Büchleins. Der Leser soll aber zum Studium der weiterführenden Lehrbücher der Biologie angeregt werden. Er wird dabei erkennen, daß die Molekularbiologie die Grundlage des biologischen Geschehens ist, aber nicht den Anspruch erheben kann, einseitig alle Lebensvorgänge zu deuten. Deshalb soll dieses Buch mit dem am Anfang des Werkes von WOLKENSTEIN [121] gegebenen Zitat von F. J. TJUTSCHEW enden:

> Nicht das, was ihr meint ist die Natur,
> sie ist kein Abguß, kein seelenloses Antlitz.
> In ihr ist Seele, in ihr ist Freiheit,
> in ihr ist Liebe, sie spricht zu uns.

12. Zusammenfassung in Form von Thesen

1. Alle Lebensvorgänge, also auch Denken, Fühlen und Wollen, sind mit materiellen, erkennbaren chemischen Vorgängen in makromolekularen Systemen verknüpft.
2. Nur Makromoleküle weisen die notwendige Variationsbreite für unterschiedliche chemische Verbindungen auf, die durch Drehprozesse oder räumliche Verschiebungen nicht ineinander überführbar sind.
3. Durch die Matrizenpolymerisation entstehen identisch gleiche Makromoleküle von genau bestimmter Größe und Sequenzfolge der sie bildenden Monomereinheiten.
4. Makromolekulare Systeme gehorchen den Gesetzen der Thermodynamik ohne Ausnahme. Insbesondere ermöglicht die Theorie der Fließgleichgewichte die Existenz dissipativer Systeme weitab vom thermodynamischen Gleichgewicht bei fortlaufender Entropieproduktion.
5. In vielen Polymeren sind thermodynamische Ungleichgewichte eingefroren. Durch die Matrizenpolymerisation reproduzieren sich derartige Systeme ohne Verbrauch an freier Energie. Ein eingefrorenes Nichtgleich-

gewicht besitzt in einem großen Temperatur- und Umweltbereich eine Erhaltungstendenz.

6. Die Grundgleichung

$$dS = 1/T \, dU + dS_i - 1/T \, dF_e$$

beherrscht die Lebensvorgänge. Dabei wird in dem dissipativen System die durch irreversible Vorgänge verursachte Entropieänderung dS_i durch zugeführte äußere freie Energie dF_e kompensiert. Einem lebenden System muß ständig freie Energie zugeführt werden, um die Entropieerzeugung und die durch Wachstum, Informationsvermehrung und Evolution verminderte Entropie auszugleichen.

7. Genauso wichtig sind: $dS_L \leqq 0$ und $dS_T > 0$. Für das offene System des lebenden Organismus (Index L) nimmt mit zunehmender Differenzierung, z. B. durch Wachstum und Lernvorgänge, die Entropie ab. Im Falle des Todes (Index T), der mit dem Aufhören der Feedbackreaktionen zeitlich zusammenfällt, strebt das weitab vom thermodynamischen Gleichgewicht befindliche System dem letzteren zu. Das lebende System bildet mit der Umgebung (Index U) ein geschlossenes thermodynamisches System. In diesem gilt der zweite Hauptsatz uneingeschränkt: $dS_L + dS_U > 0$. Lebende Systeme können den thermischen Kontakt mit der Umwelt bewußt oder unbewußt verändern.

8. Das thermodynamische Ungleichgewicht wird im Sinne von PRIGOGINE und EIGEN durch Feedbackreaktionen aufrechterhalten. Es handelt sich hierbei um selbsttätige Regelvorgänge in allen lebenden Zellen und deren Struktureinheiten. Auch die Autokatalyse ist hier zu nennen. Die Gleichungen der Kybernetik beherrschen das Geschehen. Die Feedbackreaktionen sind ursächlich verknüpft mit Replikation, Proteinsynthese und der Selbstreproduktion größerer Einheiten. Sie stimmen mit den Gleichungen der irreversiblen Thermodynamik in bezug auf mögliche Oszillationen, bleibende Regelabweichungn und Stabilität überein.

9. Makromolekulare Systeme sind Träger aller biologischen Informationen. Dabei handelt es sich einesteils um den genotypischen Informationsschatz, dessen Grundelemente für alle Lebewesen als gleich angenommen werden können. Dieser beinhaltet Autokatalyse. Selbstreproduktion, Feedbackreaktionen und Energiehaushalt. Schon frühzeitig erfolgte in der biologischen Entwicklung eine Trennung, indem nur die Pflanzen die Fähigkeit der Fotosynthese in ihrem genotypischen Informationsschatz speichern. Zum anderen handelt es sich um den im Laufe des Lebens erworbenen und auch in makromolekularen Systemen gespeicherten neuralen Informationsschatz (Gedächtnis).

10. Durch die Zuordnung Information $\leftrightarrow$ materielle Fixierung im Molekül erlangt die Grundgleichung der Informationstheorie

$$H = -\sum_i W_i \log W_i \quad \text{mit} \quad \sum_i W_i = 1,$$

die mit der thermodynamischen Beziehung

$$S = k \ln W$$

korreliert, eine mehr als formale Bedeutung. Wachsender Informationsinhalt ist gekoppelt mit der Bildung komplizierterer, d. h. unwahrscheinlicherer Moleküle. Diese materielle Zuordnung verlangt mit steigender Komplexibilität der Moleküle eine abnehmende Entropie, also eine wachsende Negentropie.
11. Die Speicherung von Informationen in Makromolekülen ist auf verschiedene Weise möglich. Wegen der Fehlermöglichkeiten ist die Kopplung einer bestimmten Sequenzfolge der Purin- und Pyrimidinbasen, vom Anfang des sehr langen Moleküls aus gerechnet, unwahrscheinlich. Günstiger erscheint die Zuordnung bestimmter Polyaden (Diaden, Triaden usw.) innerhalb des Moleküls zu bestimmten Informationen. Darüber hinaus ist die Verknüpfung mehrerer Polyaden zu komplexen Systemen analog der Bildung von Sätzen in der Sprache möglich.
12. Durch wiederholte Speicherung (Redundanzen) werden die Fehlermöglichkeiten reduziert.
13. Lebende Systeme weisen formale Ähnlichkeiten mit technischen Robotern auf. Letztere kennen aber nicht die selbsttätige, unabhängig von außen erfolgende Weiterentwicklung und Selbstreproduktion. Sie verarbeiten nur die eingespeicherten Befehle und Informationen. Automaten haben keine Willensfreiheit.
14. Setzt man für die primitivsten Formen des Lebens (entstehende Koerzevate) Informationsinhalte von $> 10^3$ bit voraus, dann wäre deren zufällige spontane Entstehung in geeigneter Umgebung ein Perpetuum mobile zweiter Art. Betrachtet man die Urzeugung aber als einen kinetischen Phasenübergang, d. h., als Entstehung eines dynamischen dissipativen Systems aus einem eingefrorenen, informativen Ungleichgewicht, dann ist die Entstehung des Lebens auf Planeten möglich.
15. Damit einfachste dissipative Systeme in höchstgeordnete, komplexe Zustände übergehen, ist es notwendig, dafür gerichtete Zufallsketten anzunehmen. Für eine rein zufällige Evolution ist ein angenommener Zeitraum von etwa drei Milliarden Jahren zu kurz.
16. Die zu erforschenden und in makromolekularen, biologischen Systemen verwirklichten materiellen Komponenten spiegeln im Sinne des dialek-

tischen Materialismus die Lebensqualitäten Erleben, Lernen, Fühlen, Denken und Wollen wider.

17. Die wirkliche uns umgebende und erkennbare Welt (I), ihre Widerspiegelung über Rezeptoren und Nervenbahnen in den Makromolekülen des Gehirns (II) und ihre Verarbeitung auf einer geistigen Ebene (III) bilden eine Dreiecksbeziehung:

Widerspiegelung Rezeptoren	←——→	Materielle Träger der Lebenserscheinungen (DNA, Proteine)
↕		↑
Reale, außerhalb von uns existierende Welt		Komplementarität
↕		↓
Widerspiegelung Erlebnissphäre	←——→	Denken, Fühlen, Wollen (Psyche, Gedächtnis, Bewußtsein)

18. Die Informationsspeicherung in den Makromolekülen gleicht derjenigen anderer materieller Träger für Informationen: Tusche und Papier für mathematische Formeln, Magnetofonband für Musikstücke, schriftliche Darstellung für Gedichte, Prosastücke, Mitteilungen, Bilder und Zeichnungen als Wiedergabe der uns umgebenden Welt. Der Informationsinhalt (das Getragene) als solcher ist dazu komplementär und von ganz anderer Qualität.
19. Wegen der beim Vorliegen ganz bestimmter Umweltbedingungen [46] mit Notwendigkeit einsetzenden Bildung von Koerzevaten → Mikroorganismen → Mehrzellern sind die irdischen Lebewesen nicht die einzigen im Kosmos.
20. Die These von Friedrich Engels: „Wir werden sicher einmal das Denken experimentell auf chemische und molekulare Bewegungen im Gehirn reduzieren. Ist aber damit das Wesen des Denkens erschöpft?" hat auch heute noch nichts von ihrer ursprünglichen Aktualität eingebüßt.

13. Literaturverzeichnis

[1] AURICH, H.: Laboratorium des Lebens, Urania-Verlag, Leipzig 1973

[2] Autorenkollektiv: Kleine Enzyklopädie Leben, VEB Bibliographisches Institut, Leipzig 1976

[3] Autorenkollektiv: Der Mensch und das Leben. Eine Enzyklopädie der biologischen Wissenschaften, (Übersetzung aus dem Französischen, Originaltitel: La vie et l'homme) Urania-Verlag, Leipzig 1961—1970

[4] BARELLI, G. B., AIR, G. M., HUTCHINSON C. A.,: Nature **264** (1976) 34

[5] BAUR, F.: Naturwiss. Rundschau **22** (1969) 167

[6] BERTALANFFY, L. VON: Die Biophysik offener Systeme, Naturwiss. Rundschau **18** (1965) Heft 12

[7] BERTALANFFY, L. VON: Moderne Auffassung des Lebens in der Biologie, Bild d. Wissenschaft (1966)

[8] BERTALANFFY, L. VON: Biophysik des Fließgleichgewichtes, Vieweg, Braunschweig 1958

[9] BIELKA, H.: Molekulare Biologie der Zelle, VEB Gustav Fischer Verlag, Jena 1973

[10] BLUMENFELD, L. A.: Probleme der molekularen Biophysik, Akademie-Verlag, Berlin 1977

[11] BONDI, H.: Cosmology, 2. Ed., Cambridge 1960

[12] BRAITENBERG, V.: Gehirngespinste, Neuroanatomie für kybernetisch Interessierte, Springer-Verlag, Berlin, Heidelberg 1973

[13] CLAUS, G., NAGY, B., EUROPA, D. L.: Ann. N. Y. Acad. Sci. **108** (1963) 580. Nature **192** (1961) 594

[14] CRICK, F. H. C., BARNETT, L. S., et al.: Nature **192** (1961) 1227

[15] CRICK, F. H. C., et al.: The Genetic Code, Cold Spring Harbor Symp. **31** (1966) 3

[16] CRICK, F. H. C., et al.: Über die Eiweißsynthese, in: Biosynthese der Makromoleküle, Verlag für ausländische Literatur (I. L.) 1960, S. 209 (Sowjetische Ausgabe)

[17] CRICK, F. H. C.: Central dogma of molecular biology, Nature **227** (1970) 561

[18] DELBRÜCK, M., STENT, G.: Der Mechanismus der DNS-Reduplikation, in: Chemische Grundlagen der Vererbung, Moskau 1968

[19] Dingman, W., Sporn, M. B.: Molecular theories of memory, Science **144** (1964) 26
[20] Doty, P.: Konfigurationen biologisch wichtiger Makromoleküle in Lösungen, in: Moderne Probleme der Biophysik **1** (1960) I. L. (Sowjetische Ausgabe)
[21] Driesch, H.: Leib und Seele, E. Reinicke, Leipzig 1920
[22] Drischel, H., Tiedt, N. (Hrsg.): Biokybernetik, Bde I, II, VEB Gustav Fischer Verlag, Jena 1971

[23] Ebeling, W.: Strukturbildung bei irreversiblen Prozessen, BSB B. G. Teubner Verlagsgesellschaft, Leipzig 1976
[24] Eccles, J. C.: The physiology of synapses, Springer-Verlag, Berlin, Göttingen, Heidelberg, New York 1964
[25] Eigen, M.: Selforganization of Matter and the Evolution of Biological Macromolecules, in: Die Naturwissenschaften **58** (1971) 465–522
[26] Eigen, M.: Umschau **73** (1973) 420
[26a] Eigen, M.: Das Urgen, Nova Acta Leopoldina **52** (1980) 5–40
[26b] Eigen, M., Schuster, P.: The Hypercycle, Springer-Verlag, Heidelberg 1979
[27] Elsasser, W.: The physical Foundation of Biology, Oxford University Press, Oxford 1958
[28] Engelhardt, W. A.: Hierarchien in biologischen Systemen, Plenarvortrag bei der Biophys. Ges. d. DDR, Luisenthal 1972. Das Problem des Lebens in der modernen Naturwissenschaft, Sowjetwiss. (1969) 734
[29] Engels, F.: Dialektik der Natur, Dietz-Verlag, Berlin 1952, S. 264

[30] Fey, P.: Informationstheorie, Akademie-Verlag, Berlin 1963
[31] Försterlin, H. D., Kuhn, H., Tews, K. H.: Computermodell zur Bildung selbstorganisierter Systeme, Angew. Chemie **84** (1972) 862
[32] Fuchs-Kittowski, K.: Probleme des Determinismus und der Kybernetik in der molekularen Biologie, VEB Gustav Fischer Verlag, Jena 1976
[33] Fuchs-Kittowski, K.: Information, ihre Speicherung und Verarbeitung in biomolekularen Systemen, II. Kühlungsborner Kolloquium, Akademie-Verlag, Berlin 1972

[34] Geissler, E.: (Hrsg.): DNS — Schlüssel des Lebens, Akademie-Verlag, 2., überarb. Aufl., Berlin 1972
[35] Geissler, E.: Taschenlexikon Molekularbiologie, VEB Bibliographisches Institut, Leipzig 1972
[36] Glansdorff, P., Prigogine, I.: Thermodynamic Theory of Structure, Stability and Fluctuation, Wiley Intersc. Publ., New York, London 1971
[37] Glees, P.: Das menschliche Gehirn, Hippokrates Verlag, Stuttgart 1971
[38] Groot, S. R. de: Thermodynamics of Irreversible Processes, North Holl. Publ. Comp., Amsterdam 1952
[39] Glaser, E.: Einführung in die Biophysik, VEB Gustav Fischer Verlag, Jena 1971

[40] Harbers, E.: Nukleinsäuren, Georg Thieme, Stuttgart 1969
[41] Hassenstein, B.: Biologische Kybernetik, VEB Gustav Fischer Verlag, Jena 1972

[42] HENZE, E.: Einführung in die Informationstheorie, VEB Deutscher Verlag der Wissenschaften, Berlin 1967
[43] HODGKIN, A. L.: The Conduction of the Nervous Impulse, Liverpool University Press, Liverpool 1964
[44] HOFMANN, E.: Dynamische Biochemie, Bd. I, II, III, IV, Akademie-Verlag, Berlin 1972
[45] HOLZMÜLLER, W.: Molecular Mobility, Deformation and Relaxation Processes in Polymers, Adv. Polym. Sci. **26** (1978) 1
[46] HOLZMÜLLER, W.: Unsere Umwelt — ihre Entwicklung und Erhaltung, BSB B. G. Teubner Verlagsgesellschaft, Leipzig 1977
[47] HOLZMÜLLER, W.: Technische Physik, Bd. 1, VEB Verlag Technik, Berlin 1961, Bd. 2, 1966
[48] HOLZMÜLLER, W., ALTENBURG, K.: Physik der Kunststoffe, Akademie-Verlag, Berlin 1961
[49] HOYLE, F.: Die Natur des Universums, Verlag Kiepenheuer und Witsch, Köln 1968
[49a] HOYLE, F.: New Scientist **1** (1981) 412
[50] HUXLEY, J.: Entfaltung des Lebens, Fischer-Verlag, Stuttgart 1964
[51] HYDEN, H.: The Neuron, Elsevier Publ. Comp., Amsterdam 1967

[52] JAKOB, F., MONOD, J.: Journal Mol. Biol. **3** (1961) 318
[53] JOHNSON, F. M.: Interstellar Matter II; Diffuse interstellar lines and porphyrins, Ann. N. Y. Acad. Sci. **187** (1972) 186
[54] JUNG, F.: Wissenschaft u. Fortschritt **27** (1977) 146

[55] KAPLAN, R. W.: Der Ursprung des Lebens, Georg Thieme, Stuttgart 1972
[56] KARLSON, P.: Kurzes Lehrbuch der Biochemie, Georg Thieme, Stuttgart 1970
[57] KATZ, B.: Nerv, Muskel und Synapse, Georg Thieme, Stuttgart 1974
[58] KELLER, A.: Philosoph. Mag. **2** (1957) 1171
[59] KLAUS, G., BUHR, M.: Philosophisches Wörterbuch, VEB Bibliographisches Institut, Leipzig 1971
[60] KLIX, F.: Information und Verhalten, Kybernetische Aspekte der organischen Informationsvermittlung, Deutscher Verlag der Wissenschaften, Berlin 1971
[61] KORNBERG, A.: Science **163** (1969) 1410; Science **131** (1960) 1503
[62] KÖRNER, U.: Probleme der Biogenese, VEB Gustav Fischer Verlag, Jena 1978
[63] KUHN, H.: Angewandte Chemie **84** (1972) 838

[64] LIBBERT, E.: Kompendium der allgemeinen Biologie, VEB Gustav Fischer Verlag, Jena 1977
[65] LOVELL, B.: Neue Wege zur Erforschung des Weltraumes, Verlag Vandenhoeck und Ruprecht, Göttingen 1964
[66] LORENTE DE NÓ: Circulation of Impulses and Memory in Molecular Specifity and Biological Memory, Francis O. Schmitt, Cambridge Mass. 1962

[67] MATTHIES, H.: Die intrazelluläre Regulation der interneuralen Konnektivität — Eine Grundlage von Lern- und Gedächtnisprozessen, Biocybernetics IV, VEB Gustav Fischer Verlag, Jena 1972

[68] Matthies, H., Biesold, D.: Neurobiologie, VEB Gustav Fischer Verlag, Jena 1977
[69] Mittelstädt, H.: Regelungsvorgänge in lebenden Wesen, R. Oldenbourg Verlag, München 1961
[70] Monod, J., Wyman, J., Changeux, J. P.: Journ. Mol. Biol. **12** (1965) 88
[71] Miller, H. J.: Entstehung des Lebens auf der Erde und im Kosmos, Ideen exakten Wissens (1971) 57—63

[72] Neidhardt, P.: Informationstheorie und automatische Informationsverarbeitung, VEB Verlag Technik, Berlin 1964
[73] Neurath, H.: The Proteins, Academic Press, New York 1961
[74] Noll, H.; Staehelin, T., Wettstein, F.: Nature **198** (1963) 632

[75] Oparin, A. J.: Evolution of general ideas on the origin of life in the years 1924—1974, Isw. Akad. Nauk UdSSR Ser. Biol. **1** (1975) 5. Das Leben, seine Natur, Herkunft und Entwicklung, VEB Gustav Fischer Verlag, Jena 1963. The origin of life, New York 1968
[76] Oppelt, W.: Kleines Handbuch technischer Regelvorgänge, Verlag Chemie, Weinheim 1960

[77] Pauling, L., Corey, R.: Proc. Roy. Soc. **B 141** (1953) 10
[78] Pawlow, I. P.: Die höchste Nerventätigkeit ⟨das Verhalten⟩ von Tieren, J. F. Bergmann, 3. Aufl., München 1926
[79] Perutz, M. F.: Nature **203** (1964) 687; **189** (1963) 633
[80] Pfleiderer, G., Jeckel, D.: Biochem. Zs. **329** (1957) 370
[81] Pflug, H. D.: Ist das Leben älter als die Erde? Umschau **71** (1971) 619
[82] Pierce, J. R.: Phänomene der Kommunikation, Econ-Verlag, Düsseldorf 1965
[83] Preuss, H.: Quantenchemie für Chemiker, Akademische Verlagsgesellschaft Geest & Portig K.-G., Leipzig 1966
[84] Prigogine, I.: Etude Thermodynamique des Processes Irreversibles, Desoer, Liège 1947
[85] Prigogine, I., Rice, S. A.: Adv. Chem. Phys. **32** (1975)

[86] Raisbeck, G.: Informationstheorie, Akademie-Verlag, Berlin 1970
[87] Rapoport, S. M.: Medizinische Biochemie, VEB Verlag Volk und Gesundheit, Berlin 1969
[88] Raven, C.: Oogenesis, The Storage of Development Information, Oxford 1961
[89] Rosenthal, S., Rosenthal, H. A., Fuchs-Kittowski, K., Rapoport, S. M.: Biochemische und molekularbiologische Grundlage der Widerspiegelung, IV. Kühlungsborner Kolloquium 1974
[90] Rüdiger, B.: Mechanismen und Lokalisierbarkeit der Informationsspeicherung im Zentralnervensystem, IV. Kühlungsborner Kolloquium 1974
[91] Roothaan C. C. J.: Rev. Mod. Phys. **23** (1951) 69

[92] Sato, K.: Activity and Interactivity of Physiological Systems, Cybernetics **9** (1971) 45. Biocybernetics IV, VEB Gustav Fischer Verlag, Jena 1972

[93] SCHADÉ, J. P.: Die Funktion des Nervensystems, VEB Gustav Fischer Verlag, Jena 1973

[94] SCHKLOWSKI, I. S.: Sowjetwissenschaft, Gesellschaftl. Beiträge 7 (1973)

[95] SCHLEGEL, H.: Allgemeine Mikrobiologie, Georg Thieme, Stuttgart 1969

[96] SCHRÖDINGER, E.: What is life? Cambridge University Press, Cambridge 1944

[97] SHANNON, C. E.: Mathematische Grundlagen der Informationstheorie, R. Oldenbourg Verlag, München, Wien 1976

[98] SHERAGA, H. A.: Protein structure, Academic Press, New York 1961

[99] SIMPSON, G.: Naturwiss. Rundschau **21** (1968) 425

[100] SLATER, J. C.: Quantum Theory of Molecules and Solids, 1. Bd., McGraw-Hill, London 1963

[101] STEINBUCH, K.: Automat und Mensch, Springer-Verlag, Berlin, Göttingen 1965. Nova Acta Leopoldina **37** (1972) 206

[102] STRAUB, B.: Enzyme, Moleküle, Lebenserscheinungen, Akademische Verlagsgesellschaft Geest & Portig K.-G., Leipzig 1972

[103] STUART, H. A.: Kolloid Zs. **165** (1959) 3

[104] STUART, H. A.: Die Struktur des freien Moleküls, Springer-Verlag, Berlin, Göttingen, Heidelberg 1952

[105] TEMBROCK, G.: Informationsübertragung bei der organischen Kommunikation, Nova Acta Leopoldina **37** (1972) 206. Biokommunikation. Informationsübertragung im biologischen Bereich, WTB, Akademie-Verlag, Berlin 1971

[106] TOSI, P., CORADINI, A. et al.: J. Pol. Sci. **22** (1969) 1085

[107] TOSI, P.: Die makromolekulare Chemie **150** (1971) 199

[107] TRÄGER, L.: Einführung in die Molekularbiologie, VEB Gustav Fischer Verlag, Jena 1975

[108] TRINTSCHER, K. S.: Biologie und Information, BSB B. G. Teubner Verlagsgesellschaft, Leipzig 1967

[109] UNGAR, G.: Molecular mechanismen in learning, Persp. Biol. Med. **11** (1968) 217

[110] UNSÖLD, A.: Strukturen des Denkens, Naturwiss. Rundschau **31** (1978) Heft 8

[111] UREY, H. C.: Origin of life forms in carbonaceous chondrites, Nature **193** (1962) 1119

[112] VOE, H. DE, TINOCO, J.: Journ. Mol. Biol. **4** (1962) 518

[112a] VOGEL, G., ANGERMANN, H.: Taschenbuch der Biologie, I und II, VEB Gustav Fischer Verlag, Jena 1979

[113] VÖLZ, H.: Elektronik, Akademie-Verlag, 3. Aufl., Berlin 1981

[114] VÖLZ, H.: Grenzen und Möglichkeiten der Informationsspeicherung, Zs. Elektrische Inform. u. Energietechnik **7** (1977) 470
VÖLZ, H.: Nachrichtentechnik **27** (1977) 138
VÖLZ, H.: Informationsspeicherung in Natur und Technik, Wissenschaft u. Fortschritt **26** (1976) 242

[115] WATSON, J. D., CRICK, F. H. C.: Nature **171** (1953) 737 u. 964

[116] WATSON, J. D.: Molecular Biology of the Gene, W. A. Benjamin, New York 1965

[117] Weizsäcker, C. F. von: Die philosophische Interpretation der modernen Physik, Nova Acta Leopoldina **37**/2 (1975) 207. Einheit der Natur, Carl Hanser Verlag, München 1972

[118] Wiener, N.: Kybernetik, Econ-Verlag, Düsseldorf, Wien 1963

[119] Winnewisser, G.: Interstellar molecules in the galaxy, Naturwissenschaften **62** (1975) 200

[120] Wolf, G.: Neurobiologie, WTB, Akademie-Verlag, Berlin 1974

[121] Wolkenstein, M. W.: Moleküle und Leben, VEB Georg Thieme, Leipzig 1969

[122] Zilliken, F., Abdallah, K.: Molekularbiologische Grundlagen des Kurz- und Langzeitgedächtnisses F. K. Schattauer-Verlag, Stuttgart, New York 1973

14. Sachverzeichnis